中华人民共和国国家标准

建筑电气工程电磁兼容技术规范

Technical code for electromagnetic compatibility of electrical engineering of building

GB 51204-2016

主编部门：中华人民共和国住房和城乡建设部
批准部门：中华人民共和国住房和城乡建设部
施行日期：2 0 1 7 年 7 月 1 日

中国计划出版社

2016 北京

中华人民共和国国家标准
建筑电气工程电磁兼容技术规范
GB 51204-2016
☆
中国计划出版社出版发行
网址：www.jhpress.com
地址：北京市西城区木樨地北里甲 11 号国宏大厦 C 座 3 层
邮政编码：100038　电话：(010) 63906433（发行部）
三河富华印刷包装有限公司印刷

850mm×1168mm　1/32　4.125 印张　102 千字
2017 年 6 月第 1 版　2017 年 6 月第 1 次印刷
☆
统一书号：155182・0109
定价：25.00 元

版权所有　侵权必究
侵权举报电话：(010) 63906404
如有印装质量问题，请寄本社出版部调换

中华人民共和国住房和城乡建设部公告

第 1331 号

住房城乡建设部关于发布国家标准《建筑电气工程电磁兼容技术规范》的公告

现批准《建筑电气工程电磁兼容技术规范》为国家标准,编号为 GB 51204—2016,自 2017 年 7 月 1 日起实施。其中,第 8.3.5 条为强制性条文,必须严格执行。

本规范由我部标准定额研究所组织中国计划出版社出版发行。

中华人民共和国住房和城乡建设部
2016 年 10 月 25 日

前　　言

根据住房城乡建设部《关于印发〈2010年工程建设标准规范制订、修订计划（第一批）〉的通知》（建标〔2010〕43号）的要求，规范编制组经广泛调查研究，认真总结实践经验，参考有关国际标准和国外先进标准，并在广泛征求意见的基础上，编制本规范。

本规范共分11章和1个附录，主要技术内容是：总则、术语、电磁环境规划、供配电系统的电磁兼容性设计、建筑智能化系统电磁兼容性设计、防静电工程设计、电磁屏蔽工程设计、接地工程设计、工程施工、工程检测、工程验收等。

本规范中以黑体字标志的为强制性条文，必须严格执行。

本规范由住房城乡建设部负责管理和对强制性条文的解释，由上海建筑设计研究院有限公司负责具体技术内容的解释。执行过程中如有意见或建议，请寄上海建筑设计研究院有限公司（地址：上海市石门二路258号，邮政编码：200041）。

本规范主编单位、参编单位、参加单位、主要起草人和主要审查人：

主　编　单　位：上海建筑设计研究院有限公司
　　　　　　　　上海现代建筑设计（集团）有限公司
参　编　单　位：中国建筑标准设计研究院有限公司
　　　　　　　　中国中元国际工程有限公司
　　　　　　　　同济大学
　　　　　　　　解放军理工大学
　　　　　　　　中国船舶第九设计研究院工程有限公司
　　　　　　　　中国建筑东北设计研究院有限公司
　　　　　　　　中国建筑西南设计研究院有限公司

中国建筑西北设计研究院有限公司
中国电子工程设计院
国家电网上海市电力公司
上海市安装工程集团有限公司
施耐德电气(中国)有限公司
西安爱科赛博电气股份有限公司
参 加 单 位:北京华宇新奥科技有限责任公司
主要起草人:陈众励　孙　兰　杜克俭　高　成　李　军
　　　　　　钟景华　郭晓岩　许维胜　肖　辉　胡　戎
　　　　　　石　磊　唐跃中　陈　彬　杨德才　杜毅威
　　　　　　高小平　朱　文　陆振华　陈杰甫　翁晓翔
　　　　　　赵　郁　王荣俊　李　敏　张建荣
主要审查人:丁　杰　李炳华　曾敬梅　陆　如　邵晓刚
　　　　　　熊　江　王廷永　李跃波　傅慈英

目　次

1 总　则 …………………………………………（ 1 ）
2 术　语 …………………………………………（ 2 ）
3 电磁环境规划 …………………………………（ 7 ）
　3.1 一般规定 ……………………………………（ 7 ）
　3.2 电磁环境评价与限值 ………………………（ 7 ）
4 供配电系统的电磁兼容性设计 ………………（ 10 ）
　4.1 一般规定 ……………………………………（ 10 ）
　4.2 电网电能质量 ………………………………（ 10 ）
　4.3 电气设备的谐波电流发射限值 ……………（ 14 ）
　4.4 电气设备的谐波抗扰度 ……………………（ 18 ）
　4.5 供配电系统谐波及其防治 …………………（ 20 ）
　4.6 供配电系统电压异常及其防治 ……………（ 23 ）
5 建筑智能化系统电磁兼容性设计 ……………（ 26 ）
　5.1 一般规定 ……………………………………（ 26 ）
　5.2 系统设计 ……………………………………（ 26 ）
　5.3 系统供电 ……………………………………（ 28 ）
　5.4 线路敷设 ……………………………………（ 28 ）
6 防静电工程设计 ………………………………（ 30 ）
　6.1 一般规定 ……………………………………（ 30 ）
　6.2 民用建筑 ……………………………………（ 32 ）
　6.3 一般工业建筑 ………………………………（ 32 ）
7 电磁屏蔽工程设计 ……………………………（ 34 ）
　7.1 一般规定 ……………………………………（ 34 ）
　7.2 技术要求 ……………………………………（ 34 ）

8 接地工程设计 ······ (39)
8.1 一般规定 ······ (39)
8.2 接地与等电位联结 ······ (40)
8.3 防静电及电磁屏蔽接地 ······ (41)
8.4 高频电子系统接地 ······ (42)

9 工程施工 ······ (44)
9.1 一般规定 ······ (44)
9.2 供配电系统 ······ (44)
9.3 建筑智能化系统 ······ (46)
9.4 防静电工程 ······ (47)
9.5 电磁屏蔽工程 ······ (50)
9.6 高频电子系统接地 ······ (51)

10 工程检测 ······ (54)
10.1 一般规定 ······ (54)
10.2 电磁环境检测 ······ (54)
10.3 电能质量检测 ······ (55)
10.4 电磁屏蔽效能检测 ······ (56)
10.5 防静电检测 ······ (57)

11 工程验收 ······ (59)
11.1 一般规定 ······ (59)
11.2 验收条件及验收组织 ······ (59)
11.3 验收 ······ (59)

附录 A 变压器 K 系数和降容系数 D 的计算方法 ······ (61)

本规范用词说明 ······ (64)

引用标准名录 ······ (65)

附:条文说明 ······ (67)

Contents

1 General provisions (1)
2 Terms (2)
3 Planing of electromagnetic environment (7)
   3.1 General requirements (7)
   3.2 Evaluation and limitation of electromagnetic environment (7)
4 Electromagnetic environment design of power supply and distribution system (10)
   4.1 General requirements (10)
   4.2 Quality of public electric power supply system (10)
   4.3 Harmonic current limiting value of electrical equipments (14)
   4.4 Immunity to interference of electrical equipments (18)
   4.5 Prophylaxis and treatment of harmonic for electric power supply and distribution system (20)
   4.6 Prophylaxis and treatment of voltage dip for electric power supply and distribution system (23)
5 EMC design of building intelligent system (26)
   5.1 General requirements (26)
   5.2 Design of electronic information system (26)
   5.3 Power supply of electronic information system (28)
   5.4 Pipeline design of electronic information system (28)
6 Anti-static engineering design (30)
   6.1 General requirements (30)

6.2	Civil architecture	(32)
6.3	General industrial architecture	(32)
7	Shield engineering design	(34)
7.1	General requirements	(34)
7.2	Technical requirements	(34)
8	Earthing system design	(39)
8.1	General requirements	(39)
8.2	Earthing and equipotential bonding	(40)
8.3	Earthing for anti-static and electromagnetic shielding	(41)
8.4	High frequency electronic system earthing	(42)
9	Construction	(44)
9.1	General requirements	(44)
9.2	Electric power supply and distribution system	(44)
9.3	Building intelligent system	(46)
9.4	Anti-static engineering	(47)
9.5	Shield engineering	(50)
9.6	High frequency electronic system earthing	(51)
10	Test	(54)
10.1	General requirements	(54)
10.2	Test of electromagnetic environment	(54)
10.3	Test for quality of electric energy	(55)
10.4	Test of shielding effectiveness	(56)
10.5	Test of anti-static engineering	(57)
11	Acceptance check	(59)
11.1	General requirements	(59)
11.2	Acceptance condition and organization	(59)
11.3	System acceptance	(59)
Appendix A	Computing method of coefficient K and D for transformer	(61)

Explanation of wording in this code ……………………… (64)
List of quoted standards ……………………………………… (65)
Addition：Explanation of provisions ……………………… (67)

1 总　　则

1.0.1 为规范建筑电气工程电磁兼容的设计、施工、检测及验收，保证建筑物电气设施的运行稳定与安全可靠，确保建筑电气工程的电磁环境符合人体健康标准要求，制定本规范。

1.0.2 本规范适用于新建、扩建和改建的民用建筑和一般工业建筑的电气工程电磁兼容的设计、施工、检测及验收。

1.0.3 建筑电磁兼容电气工程应选用符合国家现行标准的电气和电子设备，严禁使用国家淘汰的产品。

1.0.4 建筑电气工程电磁兼容的设计、施工、检测及验收，除应符合本规范外，尚应符合国家现行有关标准的规定。

2 术 语

2.0.1 电磁环境　electromagnetic environment
存在于给定场所的电磁现象的总和。

2.0.2 电磁功率密度　electromagnetic power density
穿过与电磁波的能量传播方向垂直的面元的功率除以该面元的面积。

2.0.3 等效辐射功率　equivalent radiation power
频率在 1000MHz 以下，等效辐射功率等于发射机标称功率与对半波天线而言的天线增益(倍数)的乘积。频率在 1000MHz 以上，等效辐射功率等于发射机标称功率与对全向天线而言的天线增益(倍数)的乘积。

2.0.4 公众曝露　public exposure
公众所受的全部电场、磁场、电磁场照射，不包括职业照射和医疗照射。

2.0.5 电磁骚扰　electromagnetic disturbance(EMD)
引起装置、设备或系统性能降低或对生物与非生物产生不良影响的电磁现象。

2.0.6 电磁干扰　electromagnetic interference(EMI)
由电磁骚扰引起的设备、传输通道或系统性能下降的电磁现象。

2.0.7 电磁敏感度　electromagnetic susceptibility(EMS)
电磁干扰电平的度量，反映电磁对设备、系统性能造成劣化的程度。

2.0.8 电磁兼容性　electromagnetic compatibility(EMC)
设备或系统在其电磁环境中能正常工作，且不会对该环境中的其他物体构成不能承受的电磁骚扰的性能。

2.0.9 电磁辐射 (electromagnetic) radiation

电场和磁场的交互变化产生电磁波,并向空间发射或泄漏的现象。

2.0.10 电涌保护器 surge protective device(SPD)

用于限制瞬态过电压和分泄电涌电流的器件,至少应包含一个非线性电压限制元件。

2.0.11 基波(分量) fundamental(component)

一个周期量的傅里叶级数的一次分量。

2.0.12 谐波(分量) harmonic(component)

一个周期量的傅里叶级数中次数高于1的整数倍分量。

2.0.13 间谐波 inter-harmonics

频率为基波频率的非整数倍的谐波。

2.0.14 谐波次数 harmonic number

谐波频率与基波频率的整数比。

2.0.15 谐波含有率 harmonic ratio

交变量中含有的第 n 次谐波分量的有效值与基波分量的有效值之比。

2.0.16 总谐波畸变率 total harmonic distortion ratio (THD)

指定谐波次数以下的各次谐波分量总有效值与基波有效值之比。

2.0.17 高次谐波加权畸变率 partial weighting harmonic distortion factor(PWHD)

14次及以上高次谐波有效值与基波有效值之比,用谐波次数 n 来加权。

2.0.18 谐波源 harmonic source

向电网注入谐波电流或在电网中产生谐波电压的电气设备。

2.0.19 短时谐波 short-time harmonic

冲击持续的时间不超过2s，且两次冲击之间的间隔时间不少于30s的电流所含有的谐波及其引起的谐波电压。

2.0.20 波动谐波　fluctuating harmonic

介于准稳态谐波（缓慢变化的谐波）和短时谐波之间，时大时小、较快变化的中间状态谐波。

2.0.21 电源骚扰　mains-borne disturbance

经由供电电源线传输到装置上的电磁骚扰。

2.0.22 骚扰限值　limit of disturbance

对应于规定测量方法的最大许可电磁骚扰电平。

2.0.23 干扰限值　limit of interference

导致装置、设备或系统性能降低的电磁骚扰的最大允许值。

2.0.24 （骚扰源的）发射限值　emission limit(from a disturbing source)

规定的电磁骚扰源的最大发射电平。

2.0.25 干扰抑制　interference suppression

削弱或消除电磁干扰的措施。

2.0.26 电磁屏蔽　electromagnetic screen

用导电或导磁材料减少电磁场向指定区域穿透的屏蔽。

2.0.27 传导骚扰　conducted disturbance

通过导体传递能量的电磁骚扰。

2.0.28 辐射骚扰　radiated disturbance

以电磁波的形式通过空间传播能量的电磁骚扰。

2.0.29 供电系统阻抗　supply system impedance

从公共耦合点看进去的供电系统的阻抗。

2.0.30 供电连接阻抗　service connection impedance

从公共耦合点到计量点用户侧之间的连接阻抗。

2.0.31 公共连接点　point of common coupling(PCC)

电力系统中一个以上用户的连接处。

2.0.32 电压波动　voltage fluctuation

电压均方根值一系列的变动或连续的改变。

2.0.33 短路容量　short-circuit power

根据系统标称电压和公共连接点阻抗计算的三相短路功率值,也称短路功率。

2.0.34 设备额定视在功率　rated apparent power

根据设备部分额定线电流有效值 I_{equ} 和额定相电压 U_p 或额定线电压 U_l 计算的功率值。

2.0.35 短路功率比　short-circuit ration

系统短路容量与设备容量的比值。

对于单相设备　$R_{sce} = S_{sc}/(3S_{equ})$

对于相间设备　$R_{sce} = S_{sc}/(2S_{equ})$

对于三相设备　$R_{sce} = S_{sc}/S_{equ}$

2.0.36 电抗率　reactance ratio

电抗器的感抗与串联电容器的容抗之比。

2.0.37 对称控制　symmetrical control (single phase)

由设计成在交流电压或电流的正负半周按相同方式工作的装置所进行的控制。

2.0.38 无源滤波器　passive filter

利用电感、电容和电阻的组合设计构成的滤波电路,又称 LC 滤波器。

2.0.39 有源滤波器　active power filter(APF)

含有电压源或电流源等有源部件的滤波器。

2.0.40 谐波滤除率　harmonic filtering ratio

装置接入后,已被滤除的第 n 次谐波电流的方均根值与装置接入前的第 n 次谐波电流的方均根值之比。

2.0.41 总谐波滤除率　total harmonic filtering ratio

装置接入后,已被滤除的各次谐波电流的方均根值与装置接入前各次谐波电流的方均根值之比。

2.0.42 (有源滤波器)响应时间　response time

有源滤波器处于稳态工作情况下,在其规定工作范围内,从突然投入负载谐波(或无功)电流开始至总谐波滤除率达到技术指标要求的时间。

2.0.43 电压暂降(电压骤降,电压凹陷) voltage dip

供电系统中某点的工频电压均方根值突然下降至额定值的 $10\%\sim90\%$,并在随后的 10ms～1min 的短暂持续期后恢复正常的现象。

2.0.44 静电放电 electrostatic discharge(ESD)

具有不同静电电位的物体,直接接触或静电场感应引起的静电电荷转移。包括电晕放电、火花放电、刷形放电和沿面放电四种类型。

2.0.45 防静电环境 environment of anti-electrostatic discharge

防止各类静电危害的给定环境。

2.0.46 静电电位 inner electrostatic potential

给定区域环境内,任一物体对大地以及任意二点之间在任何时间之内的静电电位。

2.0.47 静电放电接地 electro-static discharge earthing

给定的防静电场所,为防止静电放电而配置的电气连接系统内,被连接到大地的专用点的接地。

2.0.48 静电屏蔽 static shielding

用来衰减静电场、减少静电场效应、抑制由静电放电形成的骚扰传播和静电场感应的措施。

2.0.49 功能接地 functional earthing

系统、装置或设备中为非电击防护需要的接地。

2.0.50 表面电阻 surface resistance

物体表面放置的两电极间所加直流电压除以流过两电极间的稳态电流。

2.0.51 表面电阻率 surface resistivity

材料表面层的直流电场强度与材料表面电流线密度之比。

3 电磁环境规划

3.1 一般规定

3.1.1 建筑规划及选址应考虑周边的电磁环境,建筑电气工程设计应考虑其对建筑物及周边的电磁环境影响。

3.1.2 110kV 及以上变电站应远离下列建筑物:
  1 住宅建筑;
  2 中小学教学楼与宿舍楼;
  3 幼儿园;
  4 医院病房楼;
  5 适老建筑与养老设施。

3.1.3 当移动通信基站设置在建筑物顶部或周边时,应通过第三方对电磁辐射环境进行评价。

3.1.4 重要电子信息系统机房及电磁敏感度较高的电子设备,不应与系统外的强电磁骚扰源贴邻布置。

3.2 电磁环境评价与限值

3.2.1 当建筑物位于表 3.2.1 所列的电磁环境影响评价范围内时,应进行电磁环境的仿真分析与综合评价。

表 3.2.1 输变电工程电磁环境影响评价范围

分类	电压等级	评价范围		
		变电站、换流站、开关站、串补站	线 路	
			架空线路	地下电缆
交流	110kV	站界外 30m	边导线地面投影外两侧各 30m	电缆管廊两侧边缘各外延 5m(水平距离)
	220 kV～330kV	站界外 40m	边导线地面投影外两侧各 40m	
	500kV 及以上	站界外 50m	边导线地面投影外两侧各 50m	
直流	±100kV 及以上	站界外 50m	极导线地面投影外两侧各 50m	

3.2.2 当建筑物位于无线发射设备的电磁环境影响评价范围内时,应根据电磁辐射环境影响评价报告的要求实施。

3.2.3 当公众曝露在多个频率的电场、磁场、电磁场中时,电磁环境的评价应综合考虑其影响,且应符合现行国家标准《电磁环境控制限值》GB 8702 的有关规定。

3.2.4 除变电所等设备机房外,建筑物室内空间和建筑物室外附属空间电磁环境公众曝露控制限值不应超过表 3.2.4 的规定。

表 3.2.4 电磁环境公众曝露控制限值

频率范围	电场强度 E (V/m)	磁场强度 H (A/m)	磁感应强度 B (μT)	等效平面波功率密度 S_{eq} (W/m²)
1Hz～8Hz	8000	$32000/f^2$	$4000/f^2$	—
8Hz～25Hz	8000	$4000/f$	$5000/f$	—
0.025kHz～1.2kHz	$200/f$	$4/f$	$5/f$	—
1.2kHz～2.9kHz	$200/f$	3.3	4.1	—
2.9kHz～57kHz	70	$10/f$	$12/f$	—
57kHz～100kHz	$4000/f$	$10/f$	$12/f$	—
0.1MHz～3MHz	40	0.1	0.12	4
3MHz～30MHz	$67/f^{1/2}$	$0.17/f^{1/2}$	$0.21/f^{1/2}$	$12/f$
30MHz～3000MHz	12	0.032	0.04	0.4
3000MHz～15000 MHz	$0.22/f^{1/2}$	$0.001/f^{1/2}$	$0.0012/f^{1/2}$	$f/7500$
15GHz～300GHz	27	0.073	0.092	2

注:1 频率 f 的单位为所在行中第一栏的单位。

2 0.1MHz～300GHz 频率,场量参数是任意连续 6min 内的方均根值。

3 100kHz 以下频率,需同时限制电场强度和磁感应强度;100kHz 以上频率,在远区场可以只限制电场强度或磁场强度或等效平面波功率密度,在近区场需同时限制电场强度和磁场强度。

4 架空输电线路下的道路等公共场所,其频率为 50Hz 的电场强度限值为 10kV/m,且应给出警示和防护指示标志。

5 对于脉冲电磁波,除满足上述要求外,其功率密度的瞬时峰值不得超过本表所列限值的 1000 倍,或场强的瞬时峰值不得超过本表所列限值的 32 倍。

3.2.5 当建筑物外部或内部存在大功率电磁辐射发射装置,导致建筑物内局部或全部区域电磁环境超过本规范表3.2.4规定的控制限值时,应采取防护措施。

3.2.6 距高压交流架空送电线路边导线投影20m处,对于0.5MHz无线电信号的干扰限值应符合表3.2.6的规定。

表3.2.6 无线电信号的干扰限值(距边导线投影20m处,考核频率为0.5MHz)

线路电压(kV)	110	220~330	500
无线电干扰限值,dB(μV/m)	46	53	55

注:1 频率为1MHz时,高压交流架空送电线路无线电干扰限值为表3.2.6中数值分别减去5dB(μV/m)。
2 0.15MHz~30MHz频段中其他频率、高压架空送电线无线电干扰限值应按现行国家标准《高压交流架空送电线无线电干扰限值》GB 15707修正。
3 距边导线投影不足20m处测量的无限大干扰强度应按现行国家标准《高压交流架空送电线无线电干扰限值》GB 15707修正。

3.2.7 建筑工程中,由下列装置造成的电磁辐射可免于监测与评价:

  1 100kV以下电压等级的交流输变电设施;
  2 向没有屏蔽空间发射0.1MHz~300GHz电磁场的,其等效辐射功率小于表3.2.7所列数值的设施(设备)。

表3.2.7 可豁免设施(设备)的等效辐射功率

频率范围(MHZ)	等效辐射功率(W)
$0.1 \leqslant f \leqslant 3$	300
$3 < f \leqslant 300000$	100

4 供配电系统的电磁兼容性设计

4.1 一 般 规 定

4.1.1 本章适用于35kV及以下供配电系统的设计。

4.1.2 工程设计时,应结合工程性质、非线性负荷配置与危害程度、电磁环境等因素,在谐波评估基础上确定谐波电流、电压暂降等限值指标。工程设备招标时,应根据供配电系统允许的谐波、电压骤降及闪变的限值标准编制技术文件。

4.1.3 供配电系统的设计应考虑建筑物中电子信息系统的电磁兼容性要求。

4.1.4 供配电系统设备的选用应符合电磁兼容性检验标准。

4.2 电网电能质量

4.2.1 公共电网电压波动、电压变化、电压不平衡、电源频率变化和总谐波畸变率等参数的兼容水平宜符合表4.2.1的规定。

表4.2.1 公共电网电压波动、电压变化、电压不平衡、电源频率变化和总谐波畸变率等参数的兼容水平限值

骚 扰		兼容水平
电压波动,短期严酷度 P_{st}		1.0
电压波动,长期严酷度 P_{lt}		0.8
电压变化,对于额定电压 U_N 的偏差 $\Delta U/U_N$	35kV供电电压	±10%
	20kV及以下三相供电电压	±7%
	220V单相供电电压	+7%,-10%
电压不平衡 U_{neg}/U_{pos}		2%
电源频率偏移 Δf		±0.2Hz
长期影响的电压总谐波畸变率 THD_U		8%
短期影响的电压总谐波畸变率 THD_U		11%

4.2.2 公共电网谐波电压的兼容水平宜符合表4.2.2的规定。

表4.2.2 0.4kV电网各次电压谐波分量的兼容水平限值

奇次谐波 非3的整数倍		奇次谐波 3的整数倍		偶次谐波	
谐波次数 n	谐波电压 (%)	谐波次数 n	谐波电压 (%)	谐波次数 n	谐波电压 (%)
5	6.0	3	5.0	2	2.0
7	5.0	9	1.5	4	1.0
11	3.5	15	0.4	6	0.5
13	3.0	21	0.3	8	0.5
$17 \leqslant n \leqslant 49$	$2.27 \times (17/n) - 0.27$	$21 < n \leqslant 45$	0.2	$10 \leqslant n \leqslant 50$	$2.25 \times (10/n) + 0.25$

4.2.3 220V供电系统的基频附近间谐波引起闪烁($P_{st}=1$)的兼容水平及相应的闪烁感受(图4.2.3)对应的间谐波电压水平应符合表4.2.3的规定。

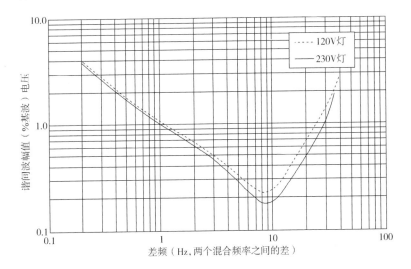

图4.2.3 间谐波引起闪烁的兼容水平(差频效应)
(闪烁计相应 $P_{st}=1$)

表 4.2.3 闪烁效应兼容水平所对应的间谐波电压水平

谐波次数 n	间谐波频率 f_n(Hz)	间谐波电压水平（%）	谐波次数 n	间谐波频率 f_n(Hz)	间谐波电压水平（%）
$0.20<n\leqslant0.60$	$10<f_n\leqslant30$	0.51	$1.04<n\leqslant1.08$	$52<f_n\leqslant54$	0.36
$0.60<n\leqslant0.64$	$30<f_n\leqslant32$	0.43	$1.08<n\leqslant1.12$	$54<f_n\leqslant56$	0.24
$0.64<n\leqslant0.68$	$32<f_n\leqslant34$	0.35	$1.12<n\leqslant1.16$	$56<f_n\leqslant58$	0.18
$0.68<n\leqslant0.72$	$34<f_n\leqslant36$	0.28	$1.16<n\leqslant1.24$	$58<f_n\leqslant62$	0.18
$0.72<n\leqslant0.76$	$36<f_n\leqslant38$	0.23	$1.24<n\leqslant1.28$	$62<f_n\leqslant64$	0.23
$0.76<n\leqslant0.84$	$38<f_n\leqslant42$	0.18	$1.28<n\leqslant1.32$	$64<f_n\leqslant66$	0.28
$0.84<n\leqslant0.88$	$42<f_n\leqslant44$	0.18	$1.32<n\leqslant1.36$	$66<f_n\leqslant68$	0.35
$0.88<n\leqslant0.92$	$44<f_n\leqslant46$	0.24	$1.36<n\leqslant1.40$	$68<f_n\leqslant70$	0.43
$0.92<n\leqslant0.96$	$46<f_n\leqslant48$	0.36	$1.40<n\leqslant1.80$	$70<f_n\leqslant90$	0.51
$0.96<n\leqslant1.04$	$48<f_n\leqslant52$	0.64			

4.2.4 建筑物供电系统电源侧公共连接点或公共母线上的频率偏差不应超过 0.2Hz。

4.2.5 建筑物供电系统电源侧公共连接点或公共母线上的电压暂降和电压短时中断指标应符合现行国家标准《电能质量 电压暂降与短时中断》GB/T 30137 的有关规定。

4.2.6 35kV 系统供电电压正、负偏差的绝对值之和不应超过额定电压的 10%；20kV 及以下三相供电系统电压偏差应为额定电压的 -7%～7%；220V 单相供电系统电压偏差应为额定电压的 +7%～-10%。

4.2.7 建筑物供电系统电源侧公共连接点或公共母线上的电压变动限值应符合表 4.2.7 的规定。

表 4.2.7 建筑物供电系统电源侧公共连接点的电压变动限值

变动频度(次/日) r(n)	电压变动限值 d(%) $U_N \leqslant 35kV$
$r \leqslant 1$	4
$1 < r \leqslant 10$	3
$10 < r \leqslant 100$	2*
$100 < r \leqslant 1000$	1.25

注:1 很小的变动频度 r(每日少于 1 次),电压变动限值 d 还可放宽,但不在本标准中规定。

2 对于随机性不规则的电压波动,依 95% 概率大值衡量,表中标有"*"的值为其限值。

4.2.8 建筑物供电系统电源侧公共连接点或公共母线上的正常电压不平衡度不应超过 2%,短时不得超过 4%;接于电力系统公共连接点的每个用户,引起该点正常电压不平衡度不宜超过 1.3%。

4.2.9 建筑物供电系统电源侧公共连接点或公共母线上的谐波相电压限值应符合表 4.2.9 的规定。

表 4.2.9 建筑物供电系统电源侧公共连接点电源侧或公共母线上的谐波相电压限值

电网标称电压(kV)	电压总谐波畸变率(%)	各次谐波电压含有率(%)	
		奇次	偶次
0.38	5.0	4.0	2.0
6	4.0	3.2	1.6
10			
35	3.0	2.4	1.2

4.2.10 建筑物供电系统电源侧公共连接点或公共母线上公共连接点的全部用户向该点注入的谐波电流分量方均根值不应大于表 4.2.10 的规定。

表 4.2.10 谐波次数及谐波电流允许值

标准电压(kV)	基准短路容量(MVA)	谐波次数及谐波电流允许值(A)																						
		2	3	4	5	7	8	9	10	11	12	13	14	15	16	17	18	19	20	21	22	23	24	25
0.38	10	78	62	39	62	44	19	21	16	28	13	24	11	12	9.7	18	8.6	16	7.8	8.9	7.1	14	6.5	12
6	100	43	34	21	34	24	11	11	8.5	16	7.1	13	6.1	6.8	5.3	10	4.7	9	4.3	4.9	3.9	7.4	3.6	6.8
10	100	26	20	13	20	15	6.4	6.8	5.1	9.3	4.3	7.9	3.7	4.1	3.2	6	2.8	5.4	2.6	2.9	2.3	4.5	2.1	4.1
35	250	15	12	7.7	12	8.8	3.8	4.1	3.1	5.6	2.6	4.7	2.2	2.5	1.9	3.6	1.7	3.2	1.5	1.8	1.4	2.7	1.3	2.5

4.3 电气设备的谐波电流发射限值

4.3.1 每相输入电流不大于16A的设备,谐波电流发射限值应符合下列规定:

1 A类设备输入电流的各次谐波不应超过表4.3.1-1的限值。

表 4.3.1-1 A类设备限值

谐波次数 n	最大允许谐波电流(A)
奇 次 谐 波	
3	2.30
5	1.44
7	0.77
9	0.40
11	0.33
13	0.21
$15 \leqslant n \leqslant 39$	$0.15 \times 15/n$
偶 次 谐 波	
2	1.08
4	0.43
6	0.30
$8 \leqslant n \leqslant 40$	$0.23 \times 8/n$

2 B类设备输入电流的各次谐波不应超过表4.3.1-1限值的1.5倍。

3 C类设备谐波电流不应超过表4.3.1-2的限值。

表4.3.1-2 C类设备限值

谐波次数 n	基波频率下输入电流百分数表示的最大允许谐波电流(%)
2	2
3	$30 \times PF$
5	10
7	7
9	5
$11 \leqslant n \leqslant 39$ （仅为奇次谐波）	3

注：PF 是电路的功率因数。

4 D类设备输入电流的各次谐波不应超过表4.3.1-3的限值。

表4.3.1-3 D类设备限值

谐波次数 n	每瓦允许的最大谐波电流(mA/W)	最大允许谐波电流(A)
3	3.4	2.30
5	1.9	1.44
7	1.0	0.77
9	0.5	0.40
11	0.35	0.33
$13 \leqslant n \leqslant 39$ （仅为奇次谐波）	$3.85/n$	(见表4.3.1-1)

4.3.2 每相额定电流大于16A且不大于75A的设备，谐波电流发射限值应符合下列规定：

1 三相不平衡设备的电流发射限值应符合表 4.3.2-1 的规定。

表 4.3.2-1 三相不平衡设备的电流发射限值

最小短路功率比 R_{sce}	可接受的单次谐波电流 I_n/I_1（%）						可接受的谐波电流畸变率（%）	
	I_3	I_5	I_7	I_9	I_{11}	I_{13}	THD	$PWHD$
33	21.6	10.7	7.2	3.8	3.1	2	23	23
66	24	13	8	5	4	3	26	26
120	27	15	10	6	5	4	30	30
250	35	20	13	9	8	6	40	40
≥350	41	24	15	12	10	8	47	47

注：1 12次及以下偶次谐波的电流值不超过 $16/n$%，12次以上偶次谐波与奇次谐波同样用 THD 和 $PWHD$ 考核。

　　2 允许在两个连续 R_{sce} 间线性插值。

　　3 I_1 为基波参考电流值，I_n 为谐波电流分量。

2 三相平衡设备的电流发射限值应符合表 4.3.2-2 的规定。

表 4.3.2-2 三相平衡设备的电流发射限值

最小短路功率比 R_{sce}	可接受的单次谐波电流 I_n/I_1（%）				可接受的谐波电流畸变率（%）	
	I_5	I_7	I_{11}	I_{13}	THD	$PWHD$
33	10.7	7.2	3.1	2	13	22
66	14	9	5	3	16	25
120	19	12	7	4	22	28
250	31	20	12	7	37	38
≥350	40	25	15	10	48	46

注：1 12次及以下偶次谐波的电流值不超过 $16/n$%，12次以上偶次谐波与奇次谐波同样用 THD 和 $PWHD$ 考核。

　　2 允许在两个连续 R_{sce} 间线性插值。

　　3 I_1 为基波参考电流值，I_n 为谐波电流分量。

3 特定条件下的三相平衡设备的电流发射限值应符合表4.3.2-3的规定。

表4.3.2-3 特定条件下的三相平衡设备的电流发射限值

最小短路功率比 R_{sce}	可接受的单次谐波电流 I_n/I_1(%)				可接受的谐波电流畸变率(%)	
	I_5	I_7	I_{11}	I_{13}	THD	PWHD
33	10.7	7.2	3.1	2	13	22
≥120	40	25	15	10	48	46

注：1 12次及以下偶次谐波的电流值不超过$16/n$%，12次以上偶次谐波与奇次谐波同样用THD和PWHD考核。
  2 允许在两个连续R_{sce}间线性插值。
  3 I_1为基波参考电流值，I_n为谐波电流分量。

4.3.3 当设备的单相电流大于75A时，总电流谐波畸变率宜低于35%，短时工制作的设备除外。

4.3.4 不间断电源装置(UPS)的输出端谐波电压畸变率和谐波电流畸变率应符合表4.3.4的规定。

表4.3.4 不间断电源(UPS)的输出端谐波电压畸变率和谐波电流畸变率

级别	Ⅰ级	Ⅱ级	Ⅲ级
谐波电压畸变率(%)	3~5	5~8	8~10
输入谐波电流畸变率（规定3~39次THD_i）(%)	<5	<15	<25

4.3.5 电气设备的间谐波电压兼容水平限值宜符合表4.3.5的规定。

表4.3.5 电气设备的间谐波电压兼容水平限值

谐波次数 n	<11	11≤n<13	13≤n<17	17≤n<19	19≤n<23	23≤n<25	>25
第一类 U_n(%)	0.20	0.20	0.20	0.20	0.20	0.20	0.20
第二类 U_n(%)	0.20	0.20	0.20	0.20	0.20	0.20	0.20
第三类 U_n(%)	2.50	2.25	2.00	2.00	1.75	1.50	1.00

4.4 电气设备的谐波抗扰度

4.4.1 电气设备对非 3 的倍数的奇次谐波抗扰度宜符合表 4.4.1 的规定。

表 4.4.1 电气设备对非 3 的倍数的奇次谐波抗扰度

谐波次数 n	等级 1 试验水平 U_1(%)	等级 2 试验水平 U_1(%)	等级 3 试验水平 U_1(%)	等级 X 试验水平 U_1(%)
5	4.5	9.0	12	开放
7	4.5	7.5	10	开放
11	4.5	5.0	7	开放
13	4.0	4.5	7	开放
17	3.0	3.0	6	开放
19	2.0	2.0	6	开放
23	2.0	2.0	6	开放
25	2.0	2.0	6	开放
29	1.5	1.5	5	开放
31	1.5	1.5	3	开放
35	1.5	1.5	3	开放
37	1.5	1.5	3	开放

注:X 级是开放的等级,该等级由相关专业标准化技术委员会确定,但是对于由低压公用供电系统供电的设备,不能低于等级 2。

4.4.2 电气设备对 3 的倍数的奇次谐波抗扰度宜符合表 4.4.2 的规定。

表 4.4.2 电气设备对 3 的倍数的奇次谐波抗扰度

谐波次数 n	等级 1 试验水平 U_1(%)	等级 2 试验水平 U_1(%)	等级 3 试验水平 U_1(%)	等级 X 试验水平 U_1(%)
3	4.5	8.0	9	开放

续表 4.4.2

谐波次数 n	等级 1 试验水平 U_1(%)	等级 2 试验水平 U_1(%)	等级 3 试验水平 U_1(%)	等级 X 试验水平 U_1(%)
9	2.0	2.5	4	开放
15	不试验	不试验	3	开放
21	不试验	不试验	2	开放
27	不试验	不试验	2	开放
33	不试验	不试验	2	开放
39	不试验	不试验	2	开放

注：X级是开放的等级,该等级由相关专业标准化技术委员会确定,但是对于由低压公用供电系统供电的设备,不能低于等级 2。

4.4.3 电气设备对偶次谐波的抗扰度宜符合表 4.4.3 的规定。

表 4.4.3 电气设备对偶次谐波的抗扰度

谐波次数 n	等级 1 试验水平 U_1(%)	等级 2 试验水平 U_1(%)	等级 3 试验水平 U_1(%)	等级 X 试验水平 U_1(%)
2	3.0	3.0	5.0	开放
4	1.5	1.5	2.0	开放
6	不试验	不试验	1.5	开放
8	不试验	不试验	1.5	开放
10	不试验	不试验	1.5	开放
12~40	不试验	不试验	1.5	开放

注：X级是开放的等级,该等级由相关专业标准化技术委员会确定,但是对于由低压公用供电系统供电的设备,不能低于等级 2。

4.4.4 电气设备对间谐波抗扰度的试验等级宜符合表 4.4.4 的规定。

表 4.4.4 电气设备对间谐波抗扰度的试验等级

频率范围 (Hz)	等级 1 试验水平 U_1(%)	等级 2 试验水平 U_1(%)	等级 3 试验水平 U_1(%)	等级 X 试验水平 U_1(%)
16~100	不试验	2.5	4	开放
100~500	不试验	5.0	9	开放
500~750	不试验	3.5	5	开放
750~1000	不试验	2.0	3	开放
1000~2000	不试验	1.5	2	开放

注：X级是开放的等级，该等级由相关专业标准化技术委员会确定。

4.5 供配电系统谐波及其防治

4.5.1 供配电设备和用电设备的选择应符合本规范第4.3节的规定。

4.5.2 配电变压器宜选用Dy型绕组结线形式。

4.5.3 大功率谐波源设备宜由变电所或总配电间经专用回路供电。

4.5.4 同一配电系统或同一配电回路中，非线性负载宜集中布置，并宜靠近电源侧。

4.5.5 对谐波敏感的重要负载与谐波源设备宜分别由不同变压器或不同供电回路供电。

4.5.6 X光机、CT机、核磁共振机等大功率医疗设备的供电线缆截面宜放大一级。

4.5.7 用户侧低压配电系统谐波骚扰强度分级及其限值宜符合表4.5.7的规定。

表 4.5.7 用户侧低压电源系统中谐波骚扰强度分级及其限值
（以基波电压的百分比表示）

骚扰强度	THD_u	非3次整数倍奇次谐波分量								3次整数倍谐波分量					偶次谐波分量			
		5	7	11	13	17	19	23~25	>25	3	9	15	21	>21	2	4	6~10	>10
一级	5	3	3	3.0	3.0	2	1.5	1.5	*	3	1.5	0.3	0.2	10	2	1	0.5	0.2
二级	8	6	5	3.5	3.0	2	1.5	1.5	*	5	1.5	0.3	0.2	0.2	2	1	0.5	0.2
三级	10	8	7	5.0	4.5	4	4	3.5	*	6	2.5	2.0	1.7	1.0	3	1.5	1.0	1.0
四级	大于三级,具体视环境要求而定																	

注：1 * 为 $0.2+12.5/n$（n 为谐波次数）；
    2 ** 为 3.5~10（随频率升高而降低）；
    3 上述数值代表的骚扰水平是：在 95% 的统计时间内，电网中最严重点的谐波干扰水平不会高于表列值。

4.5.8 当配电系统的谐波骚扰强度超过三级时，功率因数计算及电气元件的选择宜考虑畸变功率因数的影响。对于大型电网的下属用户，可按下式估算：

$$PF = \frac{\cos\phi}{\sqrt{1+THD_i^2}} \qquad (4.5.8)$$

式中：PF——实际功率因数。

4.5.9 建筑物低压配电系统的谐波骚扰强度宜符合下列规定：

1 音乐厅、大剧院、大型会议厅和省市级广播电视大楼等音频系统配电干线的谐波骚扰强度不宜劣于一级标准；

2 医院胸脑外科手术室与重症监护室、法定检测计量单位的计量室等对谐波骚扰敏感的配电干线，其谐波骚扰强度不应劣于二级标准；

3 A级和B级数据中心不间断电源装置交流输入电源的谐波骚扰强度不宜低于二级标准；

4 大型办公建筑及一般工业建筑中，动力配电干线的谐波骚扰强度不宜劣于三级标准。

4.5.10 当配电系统的谐波骚扰强度不符合用电设备的使用要求或本规范的规定时,宜进行谐波治理,且宜符合下列规定:

  1 当配电系统中具有相对集中、持续运行且具有稳定的特征频率的大功率非线性负载时,宜采用无源滤波设备;

  2 当配电系统中具有相对集中、运行状态多变且频率特征不稳定的大功率非线性负载,使用无源滤波器不能有效滤波时,宜采用有源滤波设备;

  3 配电系统中既具有相对集中且长期稳定运行的大功率非线性负载,又具有较大功率的时变非线性负载时,可采用无源有源复合滤波设备;

  4 当配电系统中无功功率变化较大且谐波严重时,可采用静止无功发生器(SVG);

  5 有源滤波器宜靠近主要谐波源设备;

  6 冲击型、断续工作型、瞬变型非线性负载不宜采用无源滤波器进行谐波治理,其中,变化周期或间隔小于100ms的瞬变型非线性负载宜采用响应时间小于2ms的有源滤波装置进行谐波治理。

4.5.11 当配电系统的谐波骚扰等级劣于三级且变压器实际负载率高于75%时,宜考虑变压器降容系数 D,或选用按 K 系数设计并制造的电力变压器。变压器降容系数 D 和 K 系数可按本规范附录A确定。

4.5.12 当变压器所接负载的谐波电流具有稳定的特征频率时,功率因数补偿电容器宜按其特征频率确定电抗率并配置相应的电抗器,且不应发生系统谐振。

4.5.13 当配电系统的谐波骚扰强度劣于三级标准时,功率因数补偿电容器宜考虑谐波对电容器耐压水平的影响。

4.5.14 由晶闸管控制的负载或设备宜采用对称控制方式。

4.5.15 有源滤波器的额定补偿电流应大于设备安装处的谐波功率,且宜具备10%~20%的裕度。

4.5.16 有源滤波器的电气性能应符合下列规定：

 1 输入电压允许偏差应大于滤波器额定电压的15％；

 2 输入频率允许偏差应大于滤波器额定工作频率的2％；

 3 当负载电流峰值系数(CF)不大于2.5,负载谐波电流在滤波器额定输出电流的20％～100％时,滤波器总谐波滤除率不应低于85％；

 4 当负载电流不小于滤波器3倍额定输出电流且负载电流峰值系数(CF)不大于2.5,负载产生的谐波电流在滤波器额定输出电流范围内时,电流总谐波畸变率不应大于5％；

 5 滤波器输入额定电压、输出额定电流时,滤波器的有功功率损耗不应大于装置额定视在功率的5％；

 6 滤波器的响应时间不宜大于20ms；

 7 滤波器应具备过、欠电压保护功能,当负载交流输入电压高于115％U_r或电压低于85％U_r时,滤波器应停止输出并输出报警信号；当电压恢复至允许偏差范围内时滤波器应自动投入运行；

 8 滤波器应具备过载保护功能,当负载侧谐波源的谐波电流大于装置额定电流时,滤波器输出电流应限制在其额定值内；

 9 滤波器应具备短路保护功能；

 10 滤波器宜具备分相补偿功能。

4.6 供配电系统电压异常及其防治

4.6.1 当供配电系统中存在对电压短时中断、电压暂降等电压异常现象敏感的重要负载时,宜在相关供电回路或设备端设置电压自动补偿装置。

4.6.2 配电系统中,电压自动补偿装置的选择应符合下列规定：

 1 当重要负载对电压暂降敏感,且总补偿功率大于200kW时,可采用机械储能型电压自动补偿装置；

 2 当重要负载功率较小,且对电压暂降和电压突升敏感时,可采用动态电压调节器(DVR)等串接型电压自动补偿装置；

  3 当重要负载对过电压和欠电压较为敏感时，可采用静止无功发生器(SVG)等并接型电压自动补偿装置。

4.6.3 机械储能型电压自动补偿装置应符合下列规定：

  1 储能功率不应小于电压补偿所需的额定功率；

  2 持续运行功耗不应大于该装置额定功率的10%；

  3 能量转换效率不低于95%；

  4 满载放电时间不小于15s；

  5 运动部件应具备安全防护功能；

  6 运行噪声不应大于55dB；

  7 补偿装置不得用于有过欠压双向补偿要求的场所。

4.6.4 动态电压调节器应符合下列规定：

  1 应具有过欠压双向补偿功能；

  2 补偿功率不应小于电压补偿所需的额定功率，且宜具备10%裕度；

  3 动态响应时间不应大于10ms；

  4 对电压暂降的补偿率不应小于90%；

  5 运行功耗不应大于额定补偿功率的5%；

  6 应具备短路、过载保护及报警功能；

  7 运行噪声不应大于55dB。

4.6.5 静止无功发生器应符合下列规定：

  1 具有过欠压双向补偿功能；

  2 补偿功率不应小于电压补偿所需的额定功率，且宜具备10%裕度；

  3 动态响应时间不应大于10ms；

  4 对电压暂降的补偿率不应小于90%；

  5 运行功耗不应大于额定补偿功率的5%；

  6 具备短路、过载保护及报警功能；

  7 噪声不应大于55dB；

  8 应配置电抗器,并具有防谐振功能。

4.6.6 供配电系统中,仅为补偿电压暂降时不宜采用UPS。当负载侧已配置UPS时,不应另设电压自动补偿装置。

4.6.7 UPS兼作动态电压补偿装置时,应符合下列规定:

  1 储能装置的补偿功率不应小于电压补偿所需的额定功率;

  2 动态响应时间不应大于5ms;

  3 对电压暂降的补偿率不应小于95%;

  4 运行功耗不应大于额定补偿功率的3%;

  5 具备短路、过载保护及报警功能;

  6 运行噪声不应大于55dB。

5 建筑智能化系统电磁兼容性设计

5.1 一般规定

5.1.1 建筑智能化系统设计应根据建筑物内部电磁环境、系统电磁敏感度、电磁骚扰和周边其他系统的电磁敏感度等因素,实现电子信息系统内部以及与供配电系统的电磁兼容性。

5.1.2 建筑智能化系统抗扰度不应低于其应用环境的电磁辐射指标。

5.1.3 建筑智能化系统的主要机房不宜与强骚扰源贴邻布置。

5.1.4 智能建筑配电系统宜采用 TN-S 制式。

5.1.5 智能建筑信息设施系统和公共安全系统进户线缆的金属保护管应做等电位联结。

5.1.6 建筑智能化系统信号线路应与电力线路分开敷设,当受条件限制必须并行靠近敷设时,应采取屏蔽或隔离措施。

5.1.7 电源线进入屏蔽空间时应设置电源滤波器,控制线和信号线进入屏蔽空间时应设置信号滤波器,滤波器性能参数应符合现行国家标准《电磁屏蔽室工程技术规范》GB/T 50719 的有关规定。

5.1.8 建筑智能化系统及其所处的建筑物应按现行国家标准《建筑物电子信息系统防雷技术规范》GB 50343 及《建筑物防雷设计规范》GB 50057 的规定采取防雷措施。

5.2 系统设计

5.2.1 建筑设备管理系统(BMS)设计应符合下列规定:

1 建筑设备管理系统的设计应考虑系统所处电磁环境的安全性,并应根据相关设备所处的电磁环境选择适用的产品;

2 控制及信号线路不应与交流 220V 及以上电源线路共管（槽）敷设；

3 建筑设备管理系统的传感器不应与无线骚扰源贴邻布置。

5.2.2 安全技术防范系统设计应符合下列规定：

1 安全技术防范系统的设计应考虑系统所处电磁环境的安全性，并应根据相关设备所处的电磁环境选择适用的产品；

2 摄像机应与大功率开关电源设备和工作频率相近的高频电子设备保持适当距离；

3 红外报警探测器应避开太阳光及其他红外辐射的骚扰；

4 户外设备应采取措施防止直击雷和雷击电磁脉冲对设备及系统的损伤，电涌保护器的选择应符合国家现行标准的有关规定；

5 安全技术防范系统监控中心宜设置在建筑物 LPZ1 及以上区域，且不宜设在建筑物的顶层。

5.2.3 火灾自动报警系统的电磁兼容性设计应符合下列规定：

1 电磁兼容性防护性能应符合现行国家标准《消防电子产品环境试验方法及严酷等级》GB 16838 的有关规定；

2 消防广播线、电话线、报警信号线及联动控制线宜根据其信号特性分类穿金属管（槽）敷设；

3 当火灾自动报警系统与建筑设备监控系统、安全技术防范等系统合用控制室时，其火灾报警控制器和消防联动控制器等设备宜有相对独立的空间；

4 相关信号传输线缆应在直击雷无防护区域（$LPZ0_A$）或直击雷防护区域（$LPZ0_B$）与第一防护区（LPZ1）的交界处装设适配的信号电涌保护器；

5 消防控制室与城市消防报警指挥中心之间的联网线路应装设适配的信号电涌保护器。

5.2.4 其他智能化系统的设计应符合下列规定：

1 音响控制室等敏感设备较集中的机房宜远离可控硅调光

控制室等辐射骚扰源；因条件限制不能远离，应采取措施；

2 红外同声传译系统的使用空间内不应设置工作时可产生红外辐射的设备，且不应使用高频驱动光源；

3 户外信号传输电缆的信号线应在进户配线架处设置适配的电涌保护器，有线电视系统、卫星通信系统、移动通信室内信号覆盖系统的室外天线馈线应在进户后首个接线装置处设置适配的电涌保护器。

5.3 系统供电

5.3.1 建筑智能化系统的供电设计应考虑电源传导干扰对设备的影响，必要时应采取抑制措施。

5.3.2 对电压幅值变化敏感的智能化系统，其供电电源宜采取电压自动补偿措施。

5.4 线路敷设

5.4.1 建筑智能化系统信号线缆与电力电缆等管线的敷设间距符合国家现行标准的有关规定。

5.4.2 当移动通信室内信号覆盖系统的室内天线采用泄漏型电缆时，不应穿金属管或在建筑物混凝土核心筒内敷设，且不应与无屏蔽措施的智能化系统传输线路干线平行贴近敷设。

5.4.3 综合布线缆线宜单独敷设，也可与相同信号电压水平的其他线路合用槽盒。

5.4.4 安全技术防范系统线路的敷设应符合下列规定：

1 室内信号传输线路宜采用铜质线缆穿金属管敷设，或采用光缆敷设；

2 电梯轿厢内安装摄像机时，应采取措施防止电梯电力电缆对视频信号产生干扰；

3 当建筑物内的电磁环境复杂时，视频安防监控系统和有线电视系统的模拟信号传输线路宜采用光缆或具有外屏蔽层的同轴电缆；

  4 设计中应根据传输线路材质,采取相应雷击电磁脉冲防护措施。

5.4.5 户外信号传输电缆的金属外护层和户外光缆的金属增强线应在进户处接地。

5.4.6 用于电子信息系统信号线路保护的金属导管和金属槽盒应接地,并做等电位联结。

5.4.7 音频、视频及其他通信线路应与晶闸管调光装置输出线路保持适当距离。

5.4.8 电子信息系统信号线路与高压气体放电灯馈电线路之间的距离不宜小于130mm。

6 防静电工程设计

6.1 一般规定

6.1.1 防静电环境可根据静电电位限值划分为三级：一级静电位不应大于100V，二级不应大于200V，三级不应大于1000V。

6.1.2 防静电环境等级划分应符合表6.1.2的规定。

表6.1.2 防静电环境等级

防静电环境质量级别	适用场所
一级	高精密电子仪器和通信测控设备的装配、调试及其维修场所
	高级别（6级及以下）洁净车间和实验室
	国家级信息管理和指挥中心
	其他特定场所
二级	自动化仪器仪表与通信设备的生产、调试场所
	高精密电子仪器工作场所
	B级及以上数据中心
	城市通信设备机房
	电力、水务、铁路、地铁等监控与调度中心
	大型电子医疗设备的应用场所
	科研机构、洁净生产和实验场所
	其他特定场所
三级	一般电子设备的组装和调试工作场所
	大型电子元器件储存库房
	C级数据中心和企业内部的通信机房
	民用建筑消防、安防监控中心及通信机房
	其他特定场所

6.1.3 防静电工程设计应根据其使用特点确定设置范围。

6.1.4 静电放电(ESD)接地连接点与接地体之间各搭接处的接触电阻不应大于 0.1Ω。

6.1.5 防静电地面及装修工程设计应符合下列规定：

 1 防静电地面构造应具备将静电电荷迅速、安全泄放到大地的接地通路；

 2 防静电地面的对地电阻值应符合表 6.1.5-1 的规定；

表 6.1.5-1 防静电地面的对地电阻值

防静电等级	对地电阻值(Ω)
一级	$1\times10^5 \sim 1\times10^7$
二级	$1\times10^5 \sim 1\times10^8$
三级	$1\times10^5 \sim 1\times10^9$

 3 防静电地面面层的表面电阻值和摩擦起电电压限值应符合表 6.1.5-2 的规定；

表 6.1.5-2 防静电地面面层的表面电阻值和摩擦起电电压限值

防静电等级	表面电阻限值(Ω)	起电电压(V)
一级	$1\times10^5 \sim 1\times10^8$	$\leqslant 100$
二级	$1\times10^5 \sim 1\times10^9$	$\leqslant 200$
三级	$1\times10^5 \sim 1\times10^{10}$	$\leqslant 1000$

 4 防静电地面应符合防静电均匀性要求；

 5 防静电环境装修设计中，门窗、柱、墙、顶棚的选材应符合静电耗散性要求。

6.1.6 防静电环境的管道工程设计应符合下列规定：

 1 管道工程应根据静电序列选择有利于消除静电的材料；

 2 金属管道应全程电气连通，且管道两端均应接地；

 3 非导体材料制成的管道应在管外或管内绕以金属丝网，并将金属丝网接地；

 4 金属管道应与附近的其他金属物件做等电位联结。

6.1.7 防静电环境的空调与通风工程设计应符合下列规定：

1 空调与通风系统应按静电耗散的环境湿度要求进行自动控制，相对湿度宜保持在50％RH～60％RH，必要时应设自动增湿和除湿装置；

2 空调系统应选择金属风管，风管及附属装置应电气连通并接地；

3 空调系统管道保温层的表层材料应选择金属箔材，并应接地；

4 通风系统的柔性风管和吸风罩应选择金属材料或其他符合导静电要求的材料制作，不得选用表面电阻率大于$1×10^{12}\Omega/m^2$的非金属材料制作。

6.2 民用建筑

6.2.1 建筑智能化系统主机房防静电地面的表层宜选择体积导电型防静电材料，其架空地板支架应具有导静电性能，防静电地面对地电阻值应小于$1×10^6\Omega$。

6.2.2 设有架空地板的机房静电放电接地系统应采用接地导线将架空地板四角支承点连接成接地网格。每隔$70m^2$～$80m^2$应配设接地干线，汇集到一点后集中连接到本层的静电放电接地端子。接地连接导线应采用截面积不小于$2.5mm^2$的铜线，接地干线应采用截面积不小于$6mm^2$的铜线。

6.3 一般工业建筑

6.3.1 一般工业建筑防静电环境中，操作静电敏感器件的工位应配置防静电安全工作台。

6.3.2 防静电安全工作台台面应具有导静电的功能，其对地电阻值应在$1×10^5\Omega$～$1×10^9\Omega$范围内。

6.3.3 防静电安全工作台台面应具有耗散静电和抑制起电的性能，其表面电阻值应在$1×10^5\Omega$～$1×10^{10}\Omega$范围内，摩擦起电电压值不应大于 1000V。

6.3.4 防静电安全工作台应设置 ESD 接地连接点。台面的接地连接端子应与台面的导电层连接,且接触面积不应小于 2000mm^2,接地引线应采用截面不小于 2.5mm^2 的铜线,并应在接入 ESD 之前串接 1MΩ 限流电阻。

6.3.5 防静电的接地端子应靠近工位,单独用截面不小于 2.5mm^2 的铜质接地引线应接地连接。

6.3.6 电烙铁、金属测量探头以及其他工艺要求接地的工具,均应在工作台合适位置预留接地端子。

6.3.7 当工作台的抽屉用于存放静电敏感器件、组件和电子产品时,应将各个存储舱位做等电位联结,并应做静电放电接地处理。

7 电磁屏蔽工程设计

7.1 一般规定

7.1.1 当住宅、病房楼、养老院、幼儿园、学校及其他人员密集型公共建筑受到固定强电磁辐射设备的电磁照射,且建筑物内局部或全部区域的电磁环境超过本规范第 3.2 节规定的限值时,应采取电磁屏蔽措施。

7.1.2 当电磁骚扰强度超过 3V/m 时,宜对敏感电子信息设备或其机房采取电磁屏蔽措施。

7.1.3 电磁屏蔽设计应合理规划各屏蔽空间的抗扰度电平等指标,在确保电磁兼容裕度的同时,应合理控制造价。

7.1.4 电磁屏蔽系统设计可包括独立空间的隔离屏蔽(电磁屏蔽室)、设备外壳的屏蔽、线缆的屏蔽以及接插件的屏蔽,并可结合电源滤波、信号滤波及导线隔离等抗干扰措施,形成完整的屏蔽体系。

7.1.5 电磁屏蔽室设的计应综合考虑下列因素:
1 电磁屏蔽室与周围建筑空间的关系;
2 屏蔽门、截止波导窗或金属网通风窗的位置与尺寸;
3 电源滤波器的安装位置与容量(电流);
4 接地点位置;
5 光缆进线截止波导的位置;
6 引入屏蔽室的线缆型号、数量、位置与方式。

7.2 技术要求

7.2.1 屏蔽体的屏蔽效能宜用连续波屏蔽效能或脉冲波屏蔽效能表示,并可按下列方法确定:

1 连续波电场屏蔽效能(SE_E)、连续波磁场屏蔽效能(SE_B)可按下列公式计算：

$$SE_E = 20\lg \frac{E_1}{E_2} \text{(dB)} \qquad (7.2.1\text{-}1)$$

$$SE_B = 20\lg \frac{B_1}{B_2} \text{(dB)} \qquad (7.2.1\text{-}2)$$

式中：E_1、E_2——屏蔽前后同一位置的电场强度值；

B_1、B_2——屏蔽前后同一位置的磁感应强度值。

2 脉冲波电场峰值屏蔽效能(SE_{Ep})、脉冲波磁场峰值屏蔽效能(SE_{Bp})可按下列公式计算：

$$SE_{Ep} = 20\lg \frac{E_{p1}}{E_{p2}} \text{(dB)} \qquad (7.2.1\text{-}3)$$

$$SE_{Bp} = 20\lg \frac{B_{p1}}{B_{p2}} \text{(dB)} \qquad (7.2.1\text{-}4)$$

式中：E_{p1}、E_{p2}——屏蔽前后同一位置的脉冲波电场强度峰值；

B_{p1}、B_{p2}——屏蔽前后同一位置的脉冲波磁感应强度峰值。

7.2.2 屏蔽体的屏蔽率（S）可按下式确定：

$$S = \frac{E_1 - E_2}{E_1} \cdot 100\% \qquad (7.2.2)$$

7.2.3 电磁屏蔽室设计应根据其工作频率和屏蔽效能的要求，选择简易电磁屏蔽室、一般电磁屏蔽室、高性能电磁屏蔽或特殊要求的电磁屏蔽室等类型，其设计指标宜按表7.2.3确定。

表7.2.3 电磁屏蔽室分类及主要特征指标

电磁屏蔽室分类		简易电磁屏蔽	一般电磁屏蔽	高性能电磁屏蔽	特殊要求电磁屏蔽
频率范围		150kHz～1GHz(40GHz)	10kHz～18GHz	50Hz～40GHz	主频段、屏蔽指标、接地等根据要求确定
屏蔽指标	磁场	依工程情况而定	依频段不同要求不同	依频段不同要求不同	
	电场	≤60dB	>60dB	≥100dB	

续表 7.2.3

电磁屏蔽室分类	简易电磁屏蔽	一般电磁屏蔽	高性能电磁屏蔽	特殊要求电磁屏蔽
屏蔽室结构形式	采用金属板、金属网、导电涂料、防电磁辐射混凝土等材料,单层结构	防电磁辐射混凝土屏蔽室、钢板组装式或焊接式电磁屏蔽室		主频段、屏蔽指标、接地等根据要求确定
主要用途	防止射频电磁场的影响	主要用于测试、保密、工程试验研究等		
接地	一般为多点接地	单点或多点接地	单点或多点接地	
特殊要求	—	—	有	有
备注	接地按照工艺、设备要求确定			—

7.2.4 简易电磁屏蔽室常用屏蔽材料和结构形式宜按照表 7.2.4 确定。

表 7.2.4 简易电磁屏蔽室的屏蔽材料和结构形式

频率范围(MHz)	屏蔽效能(dB)	屏蔽率	常用屏蔽材料	常用结构形式
0.15~30	≤30	≤96.837%	金属丝网、钢板网、镀锌薄板	单层
0.15~30	30~50	96.837%~99.684%	钢板网、镀锌薄板	单层
0.15~30	≥50	≥99.684%	镀锌薄板或冲孔镀锌板	单层
1~1000	≤30	≤96.837%	导电涂料	单层
0.15~30	≤40	≤99.000%	防电磁辐射混凝土	单层防电磁辐射混凝土与一层钢板网或钢丝网复合涂层3cm厚

续表 7.2.4

频率范围 (MHz)	屏蔽效能 (dB)	屏蔽率	常用屏蔽材料	常用结构形式
30~40000	≥30	99.000%~99.999%	防电磁辐射混凝土	单层防电磁辐射混凝土与一层钢板网或钢丝网复合涂层3cm厚

7.2.5 对由于外部高频电磁辐射引起建筑物内部的电磁环境超标,可采用在建筑物表面涂覆导电涂料、涂覆与钢板网或钢丝网复合的防电磁辐射混凝土层等方法加以控制,其屏蔽性能可按表7.2.5的规定进行评价。

表 7.2.5 建筑物内部电磁环境控制效果评价

等级	屏蔽率	屏蔽效能(dB)	建筑物屏蔽效果
1	S≤75%	SE≤12.0	一般
2	75%<S≤85%	12.0<SE≤16.5	中等
3	85%<S<90%	16.5<SE≤20.0	良
4	S>90%	SE>20.0	优

7.2.6 电子信息系统电源线的屏蔽层不得用作载流导体。

7.2.7 当需要抑制因电源线、控制与信号线引起的干扰时,应分别设置适当的滤波装置,所有滤波装置均应可靠接地。

7.2.8 电源滤波器和信号滤波器宜设置在电磁屏蔽室的外表面,安装管孔均应做电磁屏蔽处理。

7.2.9 剩余电流保护开关不得设置在供电线路进入电磁屏蔽室之前,但可设置在电磁屏蔽室内的配电箱中。

7.2.10 当设备外壳需要有屏蔽效果时,应采用符合国家现行相关标准要求的材料和工艺。

7.2.11 符合下列情况之一,宜采用屏蔽布线系统进行防护:

　　1 综合布线区域内存在的电磁干扰场强高于3V/m时;

2 用户对电磁兼容性有较高的要求(电磁干扰和防信息泄漏)时,或有网络安全保密的需要;

　　3 采用非屏蔽布线系统无法满足安装现场条件对缆线的间距要求时。

7.2.12 屏蔽布线系统采用的电缆、连接器件、跳线、设备电缆应为屏蔽型,并应保持屏蔽层的连续性。

7.2.13 有电磁兼容要求的线路与其他线路敷设于同一金属槽盒内时,应用金属隔板隔离或采用屏蔽电线、电缆。

7.2.14 屏蔽布线系统中各个布线链路的屏蔽层应保持电气连续性。

7.2.15 屏蔽布线系统中所选用的信息插座、对绞线、连接器件、跳线等所组成的布线链路应具有良好的屏蔽及电气导通特性。

7.2.16 屏蔽布线系统中的屏蔽层配线设备(FD 或 BD)端应良好接地,用户(终端设备)端宜接地,两端的接地应连接至同一接地网。若屏蔽布线系统中存在两个不同的接地网时,其接地电位差不应大于 1Vr·m·s。

7.2.17 电磁屏蔽室的结构设计应包括屏蔽壳体、支撑框架、屏蔽地面、电磁屏蔽室内的各种管道(或管线、管路)接口和工艺设备等的安装位置、方式。

8 接地工程设计

8.1 一般规定

8.1.1 建筑物内部固定安装的机电设备外露金属结构应按设计要求连接成电气整体并接地。

8.1.2 建筑物宜采用共用接地装置,其接地电阻值应符合各系统中最低电阻值的要求。当无相关资料时,取值不应大于1Ω。

8.1.3 建筑物桩基等地下结构内的钢筋可作为接地极,接地电阻应符合设计要求。

8.1.4 同一建筑物内的保护性接地和功能性接地等接地装置之间应电气连通。

8.1.5 当建筑物中存在两个及以上TN系统供电电源时,电气上有联系的TN系统的电源中性点宜集中作单点接地。

8.1.6 智能建筑供配电系统宜采用TN-S制式。当采用TN-C-S系统供电时,应采取措施避免建筑智能化系统的共地干扰。

8.1.7 当采用IT系统供电时,应校验发生单相接地故障时出现在某一相线和外露可导电部分之间的过电压对建筑智能化系统设备的影响。不能承受这一电压的设备不应直接接在IT系统的相线和中性线上。

8.1.8 建筑智能化系统接地干线应符合下列规定:

　　1 接地干线用于功能性接地时,建筑物的总接地端子可用接地干线加以延伸,使建筑智能化系统设备能以最短路径与其相连接;必要时接地干线可连接成一个闭合环路;

　　2 功能性接地干线在穿墙、板及支撑物处应做绝缘处理;

　　3 重要的保护性接地干线应采用不小于50mm^{2}截面的铜质

导体；当接地干线用作直流返回电流通路时，其截面应按直流返回电流值的大小确定，并应确保最大直流电压降小于 1V。

8.1.9 直流返回电流和相应的导体截面应符合下列规定：
　　1 当 $I<200A$ 时，应采用 $50mm^2$ 铜材；
　　2 当 $200A \leqslant I<1000A$ 时，应采用 $70mm^2$ 铜材；
　　3 当 $1000A \leqslant I<2000A$ 时，应采用 $95mm^2$ 铜材；
　　4 当 $I \geqslant 2000A$ 时，应采用 $120mm^2$ 铜材。

8.2 接地与等电位联结

8.2.1 当建筑物设总接地端子时，可采用相同材质及规格的导体加以延伸，使建筑智能化系统设备能以最短的路径连接至作为参考地电位的接地装置。

8.2.2 保护接地连接线、功能接地连接线宜分别接向总接地端子。

8.2.3 等电位联结线宜为铜质，可置于槽盒内或明敷，且应便于接线。当功能性接地线和等电位联结线采用裸导体明敷时，应在穿墙、板处及支撑物处做绝缘处理。

8.2.4 建筑物中的下列部件应做等电位联结：
　　1 管道的金属部分；
　　2 信息/数据传输电缆的屏蔽层和铠装；
　　3 建筑智能化系统设备的可导电外壳；
　　4 辅助等电位联结线。

8.2.5 当一个建筑智能化系统涉及几幢建筑物时，建筑物间的接地装置宜做等电位联结。当建筑物接地装置间不能实现电气连通时，应通过使用光缆等传输手段将不同建筑物间的智能化系统进行有效隔离。

8.2.6 等电位联结网络宜按楼层分别设置。每层内的等电位联结网络可连接成闭合环路，其安装位置应便于日后的实际使用。

8.3 防静电及电磁屏蔽接地

8.3.1 防静电环境应配置静电放电(ESD)接地系统,并用专线接至接地端子。

8.3.2 静电放电接地系统应根据功能需要,分别设置供人体静电放电接地、防静电地面与台面接地等接地连接点。

8.3.3 电磁屏蔽室的接地方式应按下列原则确定:

1 符合下列情况之一的电磁屏蔽室应采用单点接地,其屏蔽体与建筑物地面、柱、梁、墙之间应绝缘,且对地绝缘电阻不应小于 $10k\Omega$:

  1) 以检定、校准为用途的电磁屏蔽室;
  2) 要求单点接地的电磁屏蔽室。

2 与大地无绝缘要求的电磁屏蔽室宜采用多点接地方式。

3 有直流工作接地要求的电磁屏蔽室可单独设置接地装置。

4 电磁屏蔽室的接地点应靠近电源滤波器的安装位置。当双层电磁屏蔽室采用单点接地方式时,内外层的接地点宜在同一位置。

8.3.4 电磁屏蔽室的接地电阻值应按下列原则确定:

1 有单独接地装置的电磁屏蔽室,接地装置的接地电阻值不应大于 4Ω;

2 电磁屏蔽室与建筑物采用联合接地时,接地装置的接地电阻不应大于 1Ω;

3 特殊用途的电磁屏蔽室或对接地有特殊要求的电磁屏蔽室,应按国家现行标准或工艺要求确定。

8.3.5 电源滤波器金属外壳必须与电磁屏蔽室的金属屏蔽层做可靠的电气连接并接地。

8.3.6 引入单点接地的电磁屏蔽室的各种管道(水管、各类电气管路等)宜在电源滤波器处就近引入。

8.3.7 接地引线应短、直,宜靠近屏蔽体的接地端子。

8.3.8 屏蔽布线系统应有良好的接地系统,并应符合下列规定:

1 屏蔽布线系统中保护接地的接地电阻值单独设置接地体时,不应大于4Ω。

2 屏蔽布线系统中保护接地的接地电阻值采用共用接地网时,不应大于1Ω。

8.4 高频电子系统接地

8.4.1 工作频率3MHz及以上的高频电子系统与设备应根据其工作特性确定采用独立接地装置或共用接地装置,其接地网络形式应符合维持系统正常工作所需的条件。

8.4.2 重要高频电子系统宜就近埋设专用接地极阵列作为功能性接地装置。垂直埋设的铜或铜包钢接地极长度不宜小于2500mm,接地极水平间距不宜小于300mm,且不宜大于1000mm。

8.4.3 当高频电子系统和设备采用共用接地体时,其接地电阻值应符合设计要求,且不应大于1Ω。当共用接地装置的接地电阻值达不到设计要求时,应设置辅助接地阵列。

8.4.4 高频电子系统主要设备机房应根据系统的工作参数、特性、规模及造价等因素,合理选用星形、网格型或复合型等接地网络形式。

8.4.5 高频电子系统和设备的保护性和功能性接地均应以最短的距离与接地网络连接。

8.4.6 高频电子系统主机房的等电位联结网络宜构成闭合环路或网格,具有交流工作电流的导体不得在闭合环路或网格的围合面内穿过。

8.4.7 高频电子系统主机房等电位联结网络的导体截面规格宜符合下列规定:

1 扁铜:不宜小于30mm×2mm;

2 圆铜:不宜小于ϕ8mm。

8.4.8 高频电子设备工作接地(或逻辑接地)和等电位联结导体宜采用金属带或扁平编织带,且其截面的长宽比不宜小于5。

8.4.9 高频电子系统与设备的防雷设计,应符合现行国家标准《建筑物电子信息系统防雷技术规范》GB 50343 的规定。

9 工程施工

9.1 一般规定

9.1.1 建筑物电磁兼容工程应按审查合格的设计文件、相关施工规范和批准的施工方案进行施工。

9.1.2 建筑电气工程中的电气和智能化设备应符合国家现行标准有关电磁兼容性的规定。

9.1.3 柜(箱)式不间断电源(UPS)、应急电源(EPS)和滤波器的安装应符合现行国家标准《建筑电气工程施工质量验收规范》GB 50303 和《电气安装工程 盘、柜及二次回路接线施工及验收规范》GB 50171 的有关规定。

9.1.4 接地装置、接地线与连接导体、接闪器与引下线的施工应符合现行国家标准《电气装置安装工程接地装置施工及验收规范》GB 50169 和《建筑物防雷工程施工与质量验收规范》GB 50601 的有关规定。

9.1.5 防静电工程采用的材料和制品除应符合本规范第 6 章的规定外,尚应出具第三方性能检测报告。

9.2 供配电系统

9.2.1 柜(箱)式不间断电源装置(UPS)、应急电源(EPS)和滤波器的安装除应符合现行国家标准《建筑电气工程施工质量验收规范》GB 50303 和《电气安装工程 盘、柜及二次回路接线施工及验收规范》GB 50171 的有关规定外,尚应符合下列规定:

    1 UPS 及 EPS 主要部件的性能和规格应符合设计要求;

    2 UPS 及 EPS 安装处的电源频率、电压波动、环境温度、湿度等使用条件应符合国家现行标准的有关规定;

3 UPS 及 EPS 柜顶与（吊）顶、柜背面和墙的距离应符合产品说明书的要求，且柜前宜留有 1500mm 的安装与维修通道；

4 除严寒地区外，UPS、EPS 不宜安装在阳光直射区域，需要时宜采取遮阳措施；

5 UPS 及 EPS 的蓄电池开路电压不得低于其额定值；

6 UPS 及 EPS 宜采用相同批号的蓄电池；

7 蓄电池、连接蓄电池间的接线安装应符合设计要求；电池间端子连接极性应正确，蓄电池组安装完毕后应测量总电压，测量值应符合国家现行标准的有关规定；

8 UPS 及 EPS 柜间电缆的燃烧性能不应低于 B2 级；

9 当 UPS 及 EPS 柜间的电缆采用屏蔽电缆时，屏蔽层应接地；

10 应对正常电源、UPS 及 EPS 输出的线路核对相序，正常电源与 UPS、EPS 交流输出的相序应一致；

11 UPS 及 EPS 的安装应包括参数设置、调整、单机启动、空载和带载调试（包括由蓄电池逆变为负载供电）等过程；当多组 UPS 或 EPS 并联运行时，应进行并联空载和带载调试。

9.2.2 设计文件规定用于抑制谐波的设备，其性能、规格应在设备验收时予以确认。设备出厂试验报告应归入工程竣工资料。

9.2.3 滤波器的安装应符合下列规定：

1 滤波器的额定电压、额定频率、最大输出电流、相数、环境温度、空气湿度、防护等级等参数应符合设计要求；

2 滤波器安装处的电源频率、电压波动、电压不对称度等应用条件应符合其产品说明书的要求；

3 滤波器实际安装位置不应偏离设计预定的安装位置；

4 滤波器主回路相序应与配电回路相序一致；

5 滤波器应经空载和带载试验，并经专用谐波测量仪表检测相关数据，符合设计要求后才能启用。

9.2.4 电力电子与电气设备的谐波发射限值应符合本规范第 4.3 节的有关规定及工程设计文件的要求。相关电磁兼容性指标应在设备监造或验收过程中得到确认,设备出厂试验报告、设备型式试验报告和设备现场验收的记录应归入工程竣工资料。

9.2.5 谐波源设备调试时,应检测和记录电压谐波畸变率、含有率及各次谐波电流值。

9.2.6 用户电源接入点或电网公共连接点的谐波电压与谐波电流不应超过本规范表 4.2.9 和表 4.2.10 的规定。当实测值不符合要求时,应建议设计单位采取抑制谐波措施。

9.3 建筑智能化系统

9.3.1 信号线缆的槽盒之间、槽盒与机柜(机架)之间、槽盒与槽盒盖之间、槽盒盖与槽盒盖之间的连接处,应对合紧密。槽盒的端口应封闭。

9.3.2 非镀锌钢板制作的槽盒两端应设铜芯跨接线;镀锌钢板制作的槽盒、铝及不锈钢槽盒的连接板两端应设不少于 2 个连接螺栓,并应配防松螺母或防松垫圈。

9.3.3 金属保护管与检测元件或与接地设备之间的导线应采用金属软管保护。

9.3.4 综合布线系统的线缆与其他管线的最小距离,应符合现行国家标准《智能建筑设计标准》GB 50313 和《电子信息系统机房施工及验收规范》GB 50462 的有关规定。

9.3.5 在电缆槽盒和电缆托盘中的对绞电缆、光缆及其他信号电缆应分类别、缆径、缆线芯数分束绑扎,绑扎间距宜不大于 1.5m。

9.3.6 明敷的信号线路与具有强电场强磁场的电气设备之间的净距离,宜大于 1.5m。

9.3.7 信息插座和电源插座相邻安装的间距不宜小于 0.5m。信息插座和电源插座采用埋地插座盒等强弱电同体设备时,其电磁兼容性指标应在设备监造或验收过程中得到确认,设备出厂试验报告、设备型式试验报告和设备现场验收的记录应归入工程竣工资料。

9.4 防静电工程

9.4.1 防静电活动地板安装应符合下列规定：

1 应根据设计要求及防静电活动地板支架系统的特点进行安装，支架节点定位应准确，支杆、横梁等构件的连接应可靠；

2 在地板架空层内设置的ESD接地干线宜采用铜排敷设于绝缘子上，其截面应符合设计要求，接地干线宜呈闭合环路，当ESD接地干线采用绝缘屏蔽导线时，应在地板架空层内树干式敷设，分支连接处应设置接线盒；

3 防静电活动地板接地应可靠；每10块防静电活动地板应设置一个与大地连接的ESD连接点，接地线一端应采用专用卡箍与防静电地板支杆可靠连接，另一端应在导线端部配设铜接头与ESD接地干线连接，连接线应为截面积不小于2.5mm²多股铜芯软线导线；

4 铺装防静电活动地板板面应平整、牢固，相邻板块间接触应平直、严密，安装允许偏差应符合表9.4.1的规定；

表9.4.1 防静电活动地板板面安装允许偏差

项次	项目	允许偏差(mm)	检查方法
1	表面平整	2.0	用2m靠尺和楔形塞尺检查
2	缝格平直	2.5	拉5m线和钢尺检查
3	接缝高低差	0.4	用钢尺和楔形塞尺检查
4	板块间隙宽度	0.3	用楔形塞尺检查

5 防静电活动地板板面铺装后，地板制品与支架之间的电气连接应可靠；经过切割的地板，切割部分应平整光洁，周边应用导电材料封闭。

9.4.2 防静电塑料地板工程施工应符合下列规定：

1 防静电塑料地板的铺设应在ESD接地金属网格施工完成并经质量检验和隐蔽工程验收合格后进行；

2 设计要求地面设置绝缘隔离层的场所,应在铺设 ESD 接地金属网格前完成绝缘涂层的涂装作业,并应确认绝缘涂层符合设计及后续工序的施工要求;

3 铺设防静电塑料地板前应按设计要求铺设 ESD 接地金属网格,薄铜板用胶合剂粘合在地面找平层上,薄铜板的连接处应采用锡焊搭接连接,锡焊搭接应平整可靠,不应存在虚焊现象;

4 铺设防静电塑料地板应选用设计文件规定的胶合剂与地面基层粘合牢固,与金属接地网格接触部位应采用导电胶粘合。

9.4.3 防静电吊顶工程施工应符合下列规定:

1 防静电吊顶工程施工前,建筑顶面施工应已完成并经质量检验合格;

2 防静电吊顶工程应根据设计要求选择轻钢骨架,轻钢骨架与各连接件之间应做电气连通;

3 防静电吊顶的轻钢骨架与垂直挂件之间应绝缘,宜采用 2mm 厚的绝缘橡皮衬垫;吊顶内各类管道、设备和灯具的支架应分别设置,不得与轻钢骨架共用吊杆,且不同系统的吊杆之间应保持隔离;

4 在轻钢骨架上设置与 ESD 接地的连接点位置、数量应符合设计的要求,并应采用厚度大于 0.3mm 搪锡紫铜板与轻钢大龙骨进行电气连接;接地线应选用截面积不小于 2.5mm^2 多芯绝缘铜导线,导线的端部应配置铜接头,用螺栓与接地端子可靠连接,连接处螺栓的平垫片、弹簧垫片应齐全;

5 防静电吊顶装饰面板安装前,应对轻钢骨架接地连接端的搭接电阻值进行检测和隐蔽工程验收,搭接的电阻值应小于 0.03Ω;

6 防静电吊顶装饰面板安装应表面平整、接缝严密,与轻钢骨架之间连接应符合设计要求,电气连接可靠。

9.4.4 管道防静电工程施工应符合下列规定:

1 防静电管道工程施工除应符合本规范外,尚应符合设计文件和现行国家标准《工业金属管道工程施工规范》GB 50235 的有关规定。

2 防静电管道工程选用的材料、制品应进行见证取样检测。

3 防静电管道工程静电接地施工应符合下列规定：
    1）管道应根据设计要求设置与 ESD 接地连接点；
    2）金属管道接地应采用与管道相同金属接地板与金属管焊接；非金属管道接地时，应在管道外壁绕以金属丝网或涂敷导静电覆盖层，将金属接地连接板用导电胶粘合在其上，并通过接地线与 ESD 接地点连接；
    3）接地线的截面积应符合设计要求；
    4）防静电管道的各段管子及组件应有良好电气连续性，管子及组件之间的电阻值不应大于 0.03Ω。当不能满足要求时，应增加跨接线。

4 防静电环境的空调系统风管和送风口应选用符合导静电材料性能标准的材料制作，并应采取相应的接地措施。

5 防静电环境的空调系统的风管应有接地措施，与接地连接点之间的距离不应大于 30m。当采用普通的法兰或螺栓连接且中间存在有非导体隔离时，应采取跨接措施。

9.4.5 防静电接地施工应符合下列规定：

1 防静电工程应根据设计要求配置 ESD 静电放电接地装置；

2 当采用联合接地装置时，ESD 接地装置的接地电阻值不应大于 1Ω。当采用独立设置的 ESD 接地装置时，其接地电阻值不应大于 4Ω；

3 ESD 接地干线、连接线以及设备的功能性接地线的连接形式应符合设计要求；采用屏蔽导线的接地线，导线的端部应配设同轴接头与接地连接板、设备接地端子连接；各级接地导线的截面选择应符合设计要求；

4 ESD 接地连接箱内配设的接地连接铜排的规格及连接端

子的数量应符合设计要求;当选用墙上安装ESD接地连接端子板时,端子板外应设置保护罩;

  5 进入ESD接地连接箱的接地导线应绝缘保护良好,接地线在接地端子上连接应可靠,连接螺栓上应配置平垫和防松垫圈;

  6 接地干线和屏蔽接地导线应避免与非屏蔽的电力电缆和电源线长距离平行敷设;保护性接地干线与功能性接地干线平行敷设时,互相间距宜不小于300mm;

  7 架空防静电活动地板,当采用环形ESD接地铜排时,接地铜排应采用绝缘支架固定,环形接地铜排搭接长度不应小于铜排宽度的2倍,搭接面应搪锡处理。

9.4.6 防静电工程施工过程中,应按设计要求对系统内各接地点之间通路的电阻值进行现场测试,并应记录。

9.5 电磁屏蔽工程

9.5.1 屏蔽电缆的屏蔽层应保持连续、完好的导通性,且应接地可靠。

9.5.2 屏蔽对绞电缆的屏蔽层与插接件终接处屏蔽罩应可靠接触,缆线屏蔽层应与接插件屏蔽罩圆周接触,接触长度不宜小于10mm。

9.5.3 屏蔽系统接地导线的截面可按表9.5.3的规定选择。

表9.5.3 屏蔽系统接地导线的截面选择

名 称	楼层布线设备至建筑物接地极的距离	
	≤30m	≤100m
信息点的数量(个)	≤75	>75,≤450
工作区的面积(m^2)	≤750*	>750,≤4500
选择铜绝缘导线的截面(mm^2)	6~16	16~50

注:* 工作区10m^2配置1个信息插座计算,如配置2个则面积应为375m^2。以此类推,可计算出相应的面积。

9.5.4 电磁屏蔽室施工应符合下列规定:

1 简易电磁屏蔽室的施工,应根据工程设计图纸及国家现行标准的有关规定进行。

2 组装式电磁屏蔽室的施工,应按厂家提供的操作手册进行。

3 焊接式电磁屏蔽室的施工应符合下列规定:

1) 电磁屏蔽室所有外露屏蔽体的材料表面,应进行防护处理;
2) 电磁屏蔽室支撑构件的制作、安装,应在其几何尺寸满足设计要求后方可进行屏蔽板的焊接;
3) 屏蔽板的焊接应按焊接工艺进行,焊接过程中应对焊缝随时进行检查;
4) 屏蔽体焊接完成后,应对所有焊缝及屏蔽室内后续装修用的焊接连接件进行检漏;检漏不合格的,应进行补焊和复检,直至合格后方可进入下道工序;
5) 屏蔽门、电源滤波器、通风波导窗、波导管、光端机等电磁屏蔽室的部件和配套设备的安装,应按合理的施工顺序,以保证屏蔽室的整体屏蔽效能;
6) 电磁屏蔽室的钢结构骨架和钢板变形的容许值可按现行国家标准《电磁屏蔽室工程技术规范》GB/T 50719 的规定取值。

9.6 高频电子系统接地

9.6.1 高频电子设备的保护性接地和功能性接地的接地端子均应以最短的距离与接地网络连接。

9.6.2 高频电子设备接地装置的接地体采用独立接地极时,应符合下列规定:

1 接地极宜采用实心铜材或铜包钢制成,其规格应符合设计要求;

2 接地极应与其他接地系统和建筑物的基础钢筋在地下进行有效的电气连接;

3 接地体与水平接地线的连接宜采用热熔焊方式。

9.6.3 高频电子设备接地网络接地端子的位置应符合设计要求,当设计文件未明确规定时应符合下列规定:

1 与防雷接地的专用引下线和外墙防雷引下线的距离不宜小于2m;

2 与供电系统的接地端子的距离不宜小于1m;

3 与其他接地系统接地端子的距离不宜小于0.5m。

9.6.4 高频电子设备的工作及等电位接地网络专用接地主干线的敷设应符合下列规定:

1 专用接地干线宜敷设在专用弱电竖井内;

2 专用接地干线采用裸铜排时,应在绝缘子上固定,并应与其他的金属设备、金属管道保持隔离;

3 专用接地干线在穿越建筑物的楼板时,应采取绝缘措施;

4 专用接地干线的连接宜采用热熔焊方式。

9.6.5 高频电子设备接地网络应采用专用接地干线引入,不得直接从接闪器或防雷引下线上引入。

9.6.6 高频电子设备主机房的等电位联结应符合下列规定:

1 机房局部等电位联结箱的位置应便于安装和检测且不宜设置在易受机械损伤的部位;

2 机房等电位联结网的形式、网格的尺寸、材料的规格应符合设计及设备正常运行的要求;

3 等电位联结干线采用裸铜排时,铜排宜用绝缘子安装;

4 等电位联结网络各部位的连接方式应符合表9.6.6的规定;

表9.6.6 等电位联结网络各部位的连接方式

序号	连接导体(线)材料	连接方式
1	铜排与铜排	用镀锌螺栓连接,接触面应搪锡
2	编织铜带(铜线)与铜排	编织铜带(铜线)压接铜端子用镀锌螺栓、螺母、防松垫圈连接、接触面应搪锡

续表 9.6.6

序号	连接导体(线)材料	连接方式
3	铜箔与铜箔(或铜排)	锡焊连接
4	铜线与铜线	压接或热熔焊
5	铜线与钢板	热熔焊
6	编织铜带与静电地板可调支架	编织铜带接触面应搪锡,用圆抱箍卡紧压连接
7	编织铜带(或铜线)与钢管等金属管道	编织铜带(铜线)压接铜端子用镀锌螺栓、螺母、防松垫圈与焊在管道上的镀锌扁钢连接,接触面应搪锡或用卡箍连接

  5 应保证接地线与等电位联结线的可靠联结。

9.6.7 高频电子设备机柜的工作接地应采用两根长度相差约一半的短直铜导线与等电位联结网格连接,且该铜导线的长度不得为工作信号 1/4 波长的奇数倍。

9.6.8 高频电子系统与设备的防雷设施安装应符合现行国家标准《建筑物电子信息系统防雷技术规范》GB 50343 的有关规定。

10 工程检测

10.1 一般规定

10.1.1 电磁兼容工程检测可包括电磁环境检测、电能质量检测、防静电工程检测和电磁屏蔽效能检测等。

10.1.2 电磁兼容工程检测的方法与仪器应符合国家现行标准的有关规定。

10.2 电磁环境检测

10.2.1 当建筑物(群)内存在不符合豁免条件的电磁辐射装置时,应对辐射装置所在场所以及周围环境的电磁辐射水平进行检测,检测结果应记录,并应向当地环境保护部门报告。

10.2.2 建筑物(群)电磁环境检测应符合下列规定:

 1 环境电磁辐射可只测量电场强度;在非平面波的场所,应对电场强度和磁场强度分别测量;

 2 测量仪器可使用干扰场强仪、频谱仪、微波接收机等监测设备,其测量误差应小于3dB,频率误差应小于被测频带中心频率的1/50;

 3 针对某一辐射装置的特定环境测量,应依据所测辐射装置的天线类型,在距该天线2m以内最大辐射方向上选点测量或根据辐射方向图,分方位选点测量;

 4 对于建设用地内常规的电磁辐射环境监测,宜以交通干线为基准,以一定的间距划分网格进行测量。

10.2.3 工频电场和工频磁场的检测应符合下列规定:

 1 测量仪表应架设在地面上1.5m,环境湿度应在70%以下;

2 建筑物室内的背景场强测量宜在距离墙壁和其他固定物体2.5m外的区域内进行；当空间受限时，应以其平面中心作为测量点，且测量点与周围固定物体（如墙壁）间的距离不应小于1m，小于1m该测量数据视作无效；

3 建筑物屋顶的场强测量宜在距离周围墙壁和其他固定物体（如护栏）2.5m外的区域内测量；当楼顶平台的几何尺寸不满足要求时，应在平台中央位置测量；

4 在约定的时间和气象条件下，当测量读数为稳定值时，可直接作为测量值；当仪表读数为波动值时，应每1min读一个数值，取5min的平均值作为测量值。

10.2.4 电磁场的检测应符合下列规定：

1 测量仪器的频率响应不确定度应小于3dB，频率误差应小于被测频带中心频率的1/50；

2 测量仪器宜选用全向性探头的场强仪或漏能仪；当使用非全向性探头时，测量期间应连续调节探头方向，直至测到最大场强值；

3 测量仪器探头应置于该场所使用者的实际操作位置；

4 测试频率低于300MHz时，应对工作场所的电场强度和磁场强度分别测量；频率达到或超过300MHz时，可只测电场强度。

10.3 电能质量检测

10.3.1 当公共电网电能质量问题会严重干扰特定用户设备的正常运行，并可能造成重大经济损失或严重社会影响时，应进行电能质量检测。

10.3.2 公共电网电能质量检测项目宜包括供电系统频率、电压幅值、电压暂降、电压中断、谐波电流、谐波电压等对建筑电气设备影响较大的技术指标。

10.3.3 公共电网电能质量检测除应符合现行国家标准《电磁兼

容 试验和测量技术 电能质量测量方法》GB/T 17626.30 的规定外,尚应符合下列规定:

1 频率读数应每10s刷新一次;当需重复测试时,测量的10s时间段之间不应重叠;基波分量频率输出是10s时间间隔内,整数个周期数与该整数个周期所累计持续时间的比值;

2 电压幅值应取10个连续周波内的均方根值(rms值,包括谐波、间谐波和电网载波信号);当需重复测试时,相邻的10个周波之间不应重叠;

3 电压暂降监测指标应包括幅值、持续时间和相位跳变等参数;

4 电压中断监测指标应包括起始时间、结束时间和持续时间等参数;

5 谐波电流与谐波电压检测应符合现行国家标准《电磁兼容 限值 谐波电流发射限值(设备每相输入电流≤16A)》GB 17625.1 的有关规定。

10.4 电磁屏蔽效能检测

10.4.1 电磁屏蔽室的屏蔽效能应采用符合国家现行标准规定的仪器进行现场检查,测试数据应记录,并归入竣工文件。

10.4.2 电磁屏蔽室屏蔽效能的测试方法应符合现行国家标准《电磁屏蔽室屏蔽效能的测量方法》GB/T 12190 的有关规定。

10.4.3 电磁屏蔽室的全频段检测应符合下列规定:

1 电磁屏蔽室的全频段检测应在屏蔽壳体完成后,室内装饰前进行;

2 电磁屏蔽室的检测应按现行国家标准《电磁屏蔽室屏蔽效能的测量方法》GB/T 12190 的有关规定,对磁场、电场分别检测;

3 应对屏蔽门、板体接缝、波导窗、滤波器等关键接口点进行屏蔽效能检测,所有点的检测指标均应符合设计要求。

10.4.4 电磁屏蔽效能检测应符合下列规定:

1 对屏蔽室的屏蔽效能的检测方法可分为频域(连续波)屏蔽效能检测和时域(脉冲波)屏蔽效能检测；

2 频域(连续波)屏蔽效能检测应按现行国家标准《电磁屏蔽室屏蔽效能的测量方法》GB/T 12190 的有关规定执行。

10.4.5 雷电电磁脉冲电场屏蔽效能的检测应符合下列规定：

1 测试仪器与设备性能应符合表 10.4.5 的规定。

表 10.4.5 雷电电磁脉冲电场屏蔽效能测试仪器与设备性能

设 备	特 性
雷电电磁脉冲电场辐射源(由高压脉冲源、电场辐射器等组成)	雷电电磁脉冲电场的波形为双指数波形,波前时间:1.2μs±30%,半峰值时间:50μs±20%。电磁脉冲电场峰值满足测试系统灵敏度的要求
数字示波器	带宽≥100MHz,采样速率≥2Gs/s
光纤测量系统	3dB 带宽范围大于 1kHz~70MHz
多种电缆和衰减器	按需要

2 测试时,发射天线口面与接收天线宜相距 600mm,并应在同样大小的电磁脉冲辐射场强条件下,分别测量无屏蔽室时接收天线所接收到的场强峰值 Ep1 和放置在屏蔽室内时所接收到的场强峰值 Ep2,并按本规范公式 7.2.1-3 计算雷电电磁脉冲电场屏蔽效能。

10.5 防静电检测

10.5.1 防静电材料和制品见证送样检测应在实验室规定环境条件下进行。每件试样至少应在三种不同的受控环境条件下分别进行检测,并根据相应条件下的检测数据对其防静电放电性能作出评定。

10.5.2 防静电工程中,隐蔽工程应在现场监理人员见证下进行防静电放电性能的检测,检测数据应记录,并归入竣工文件。

10.5.3 防静电工程完成施工后,应由专业检测机构进行防静电性能检测,检测报告应归入竣工文件。

10.5.4 防静电性能检测应包括对地电阻 R_G、摩擦起电电压 U_G、对地电阻值极差 ΔR_G、对地电阻值极标准差 S_{R_G}、表面电阻 R_S、ESD 接地连接系统的通路电阻以及单独配设 ESD 功能接地装置的接地电阻等主要参数。

10.5.5 防静电材料电阻率的测试应符合现行国家标准《固体绝缘材料体积电阻率和表面电阻率试验方法》GB/T 1410 的有关规定。

10.5.6 室内静电电位测量应采用非接触式静电电位表,最小量程不应大于 0.01kV,误差不应大于 10%。

10.5.7 功能接地通路电阻值测量应采用直流双臂电桥,当测量小于 1.0Ω 电阻时,应可分辨至 0.1mΩ。

10.5.8 交、直流电压应采用数字万用表测量,并应符合下列规定:

1 在线测量交、直流电流和电压应采用数字钳形表;交、直流电流测量读数分辨率应为 0.01A;电压测量读数分辨率应为 0.1V;

2 测量交流电源的每根馈线与设备外壳或机柜之间的电阻值,以及测量功能接地接线端子与设备或机柜外壳之间的电阻值应采用数字式兆欧表;该仪表应能提供额定电压 500V,测量大于 1MΩ 的绝缘电阻值。

11 工程验收

11.1 一般规定

11.1.1 建筑物电磁兼容工程验收应符合本规范和国家现行标准的有关规定,并应符合设计要求。

11.1.2 建筑物电磁兼容工程验收应在各分项工程验收合格的基础上进行。

11.2 验收条件及验收组织

11.2.1 建筑物电磁兼容工程验收应包括对建筑物电磁环境检验、电能质量指标检验、电磁屏蔽效能检测、防静电检验数据的验收,以及各分项工程的质量验收。

11.2.2 建筑物电磁兼容各分项工程验收应具备完整的设计文件、施工工艺(含竣工图)、过程验收记录、检测方案、检测报告,并应在此基础上形成验收文件。

11.2.3 建筑物电磁兼容工程验收应由建设单位项目负责人、各分项工程实施单位项目负责人、监理工程师及专业检验机构机构等共同进行工程验收。

11.3 验 收

11.3.1 电磁环境检测验收应包括下列内容:

1 建筑物使用的电气和电子设备(产品)清单,以及相关电气和电子设备(产品)的国家电磁兼容性认证文件或电磁兼容性检测报告的验收;

2 建筑物内及周边环境监测方案(包括监测点设置、监测方法、监测器材、监测结果)的验收;

3 建筑物内及周边环境监测结果验收。

11.3.2 配电系统电磁兼容工程验收应在施工单位自检合格后进行，验收应包括下列内容：

1 配电系统设备的国家电磁兼容性认证文件验收；

2 电能质量检测方案（包括检测内容、检测方法、检测器材）的验收；

3 电能质量检测结果的验收。

11.3.3 屏蔽工程验收应在施工单位自检合格后进行，验收应包括下列内容：

1 电磁屏蔽室的各专业施工的外观质量；

2 滤波器、截止波导通风窗的安装是否可靠；

3 屏蔽门上所有零部件和各项传动件运行是否正常，开启是否灵活、轻巧；

4 屏蔽室的接地是否安全可靠，满足设计要求；

5 电磁屏蔽室屏蔽效能的测试方法和要求应符合现行国家标准《电磁屏蔽室屏蔽效能的测量方法》GB/T 12190 的有关规定；

6 电磁屏蔽室内的其他专业施工项目均应符合国家现行标准的有关规定；

7 施工单位应提供下列文件：

1）竣工图及设计更改有效证明文件；

2）自检报告；

3）使用说明书；

4）产品合格证；

5）屏蔽效能测试报告。

11.3.4 防静电工程应按现行国家标准《建筑工程施工质量验收统一标准》GB 50300 的有关规定进行验收。

附录 A 变压器 K 系数和降容系数 D 的计算方法

A.0.1 变压器 K 系数应按下列公式计算：

1 变压器谐波系数 K 可按下列公式计算：

$$K = \sum_{n=1}^{\infty}\left(n\frac{I_n}{I_1}\right)^2 \quad \text{(A.0.1-1)}$$

式中：K——变压器谐波系数；
I_1——基波电流分量；
I_n——n 次谐波电流分量；
n——谐波次数。

或：

$$K = \frac{\sum_{n=1}^{\infty}(nI_n)^2}{\sum_{n=1}^{\infty}(I_n)^2} = \frac{\sum_{n=1}^{\infty}(nI_n/I_1)^2}{1+THD_i^2} \quad \text{(A.0.1-2)}$$

式中：THD_i——总电流畸变率。

2 办公建筑变压器低压侧电流畸变率和 K 系数的关系可按下式计算：

$$K = -119.05THD_i^3 + 94.972THD_i^2 - 9.0136THD_i + 1.3707$$
$$\text{(A.0.1-3)}$$

经验公式的置信区间为 $3.5\% < THD_i < 36.7\%$，也可按图 A.0.1-1 估算。

3 医院医技楼变压器低压侧电流畸变率和 K 系数的关系可按下式计算：

$$K = 200THD_i^3 + 27THD_i^2 - 0.99THD_i + 1.0841$$
$$\text{(A.0.1-4)}$$

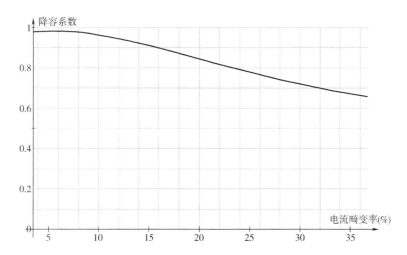

图 A.0.1-1 办公建筑变压器低压侧电流畸变率和 K 系数的关系曲线

经验公式的置信区间为 $2.6\% < THD_i < 22\%$，也可按图 A.0.1-2 估算。

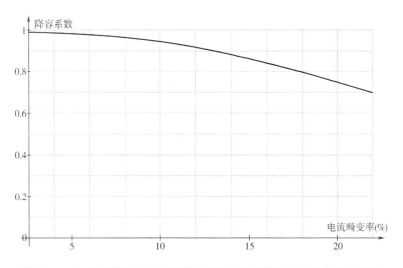

图 A.0.1-2 医院医技楼变压器低压侧电流畸变率和 K 系数的关系曲线

A.0.2 变压器的降容系数 D 可按下式计算：

$$D = \frac{1.15}{1+0.15K} \quad (A.0.2)$$

式中：D——变压器降容系数；

K——变压器谐波系数。

注：1 若配电系统中采取了谐波治理措施，则 K 值应根据治理后的谐波水平确定。

2 计算变压器降容系数 D 时，应考虑变压器的实际负载情况。当变压器的实际负载率较低时，其富余容量可用于承受谐波电流所致的额外温升，此时可适当调高 D 值，减小降容幅度。

A.0.3 当没有配电系统谐波电流相关数据时，对于无限大电力系统，可根据非线性负荷所占变压器的负荷比例，按图 A.0.3 中查取降容系数 D 的近似值。

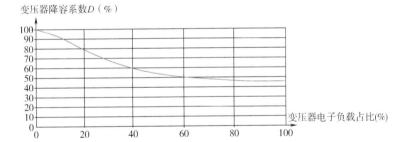

图 A.0.3 谐波源负载占变压器的负荷比例
与变压器降容系数 D 的关系曲线

本规范用词说明

1 为便于在执行本规范条文时区别对待,对要求严格程度不同的用词说明如下:
　　1)表示很严格,非这样做不可的:
　　　正面词采用"必须",反面词采用"严禁";
　　2)表示严格,在正常情况下均应这样做的:
　　　正面词采用"应",反面词采用"不应"或"不得";
　　3)表示允许稍有选择,在条件许可时首先应这样做的:
　　　正面词采用"宜",反面词采用"不宜";
　　4)表示有选择,在一定条件下可以这样做的,采用"可"。
2 条文中指明应按其他有关标准执行的写法为:"应符合……的规定"或"应按……执行"。

引用标准名录

《建筑物防雷设计规范》GB 50057
《电气装置安装工程接地装置施工及验收规范》GB 50169
《电气安装工程 盘、柜及二次回路接线施工及验收规范》GB 50171
《工业金属管道工程施工规范》GB 50235
《建筑工程施工质量验收统一标准》GB 50300
《建筑电气工程施工质量验收规范》GB 50303
《智能建筑设计标准》GB 50314
《建筑物电子信息系统防雷技术规范》GB 50343
《电子信息系统机房施工及验收规范》GB 50462
《建筑物防雷工程施工与质量验收规范》GB 50601
《电磁屏蔽室工程技术规范》GB/T 50719
《电磁环境控制限值》GB 8702
《电磁屏蔽室屏蔽效能的测量方法》GB/T 12190
《固体绝缘材料体积电阻率和表面电阻率试验方法》GB/T 1410
《高压交流架空送电线无线电干扰限值》GB 15707
《消防电子产品 环境试验方法及严酷等级》GB 16838
《电磁兼容 限值 谐波电流发射限值(设备每相输入电流≤16A)》GB 17625.1
《电磁兼容 试验和测量技术 电能质量测量方法》GB/T 17626.30
《电能质量 电压暂降与短时中断》GB/T 30137

中华人民共和国国家标准

建筑电气工程电磁兼容技术规范

GB 51204-2016

条文说明

编 制 说 明

《建筑电气工程电磁兼容技术规范》GB 51204—2016,经住房城乡建设部 2016 年 10 月 25 日以第 1331 号公告批准发布。

在规范制订过程中,编制组对国内外电磁兼容技术进行了广泛深入调研分析,同时参考了国外先进技术法规、技术标准,并在广泛征求意见的基础上制定了本规范。

为便于广大设计、施工、科研、学校等单位有关人员在使用本标准时能正确理解和执行条文规定,《建筑电气工程电磁兼容技术规范》编制组按章、节、条顺序编制了本规范的条文说明,对条文规定的目的、依据以及执行中需注意的有关事项进行了说明,还着重对强制性条文的强制性理由做了解释。但是,本条文说明不具备与规范正文同等的法律效力,仅供使用者作为理解和把握规范规定的参考。

目　次

- 2 术　语 ……………………………………………………（73）
- 3 电磁环境规划 ……………………………………………（76）
  - 3.1 一般规定 ……………………………………………（76）
  - 3.2 电磁环境评价与限值 ………………………………（76）
- 4 供配电系统的电磁兼容性设计 …………………………（85）
  - 4.2 电网电能质量 ………………………………………（85）
  - 4.3 电气设备的谐波电流发射限值 ……………………（88）
  - 4.4 电气设备的谐波抗扰度 ……………………………（91）
  - 4.5 供配电系统谐波及其防治 …………………………（91）
  - 4.6 供配电系统电压异常及其防治 ……………………（96）
- 5 建筑智能化系统电磁兼容性设计 ………………………（100）
  - 5.1 一般规定 ……………………………………………（100）
  - 5.2 系统设计 ……………………………………………（100）
  - 5.3 系统供电 ……………………………………………（101）
  - 5.4 线路敷设 ……………………………………………（101）
- 6 防静电工程设计 …………………………………………（103）
  - 6.1 一般规定 ……………………………………………（103）
- 7 电磁屏蔽工程设计 ………………………………………（105）
  - 7.1 一般规定 ……………………………………………（105）
  - 7.2 技术要求 ……………………………………………（105）
- 8 接地工程设计 ……………………………………………（107）
  - 8.1 一般规定 ……………………………………………（107）
  - 8.3 防静电及电磁屏蔽接地 ……………………………（107）
  - 8.4 高频电子系统接地 …………………………………（107）

9 工程施工 …………………………………………… (110)
　9.2 供配电系统 ………………………………………… (110)
　9.3 建筑智能化系统 …………………………………… (110)
　9.4 防静电工程 ………………………………………… (110)
　9.5 电磁屏蔽工程 ……………………………………… (111)
　9.6 高频电子系统接地 ………………………………… (111)
10 工程检测 ……………………………………………… (113)
　10.2 电磁环境检测 …………………………………… (113)
　10.3 电能质量检测 …………………………………… (113)
　10.4 电磁屏蔽效能检测 ……………………………… (114)
　10.5 防静电检测 ……………………………………… (114)
附录 A 变压器 K 系数和降容系数 D 的计算方法 ……… (119)

2 术 语

2.0.1 电磁环境通常与时间有关,对它的描述可能需要用统计的方法。

2.0.5 电磁骚扰可能是电磁噪声、无用信号或传播媒介自身的变化。

2.0.6 术语"电磁骚扰"和"电磁干扰"分别表示"起因"和"后果"。过去"电磁骚扰"和"电磁干扰"常混用。

不同行业对电磁干扰的定义有所不同,船舶业将其定义为:任何能中断、阻碍、降低或限制电气、电子设备有效性能的电磁能量。电力行业将其定义为:无用电磁信号或电磁骚扰对有用电磁信号的接收产生不良影响的现象。

2.0.7 设备的敏感度越高,抗扰度越低,抗干扰能力越差。

2.0.8 对于电磁兼容性的评估应包括两个方面:电磁干扰和电磁敏感度。

电磁兼容性的定义在不同行业有不同的描述,但它们的物理意义是基本一致的。下列定义可供参考:

船舶业将其定义为:设备、分系统、系统在共同的电磁环境中能一起执行各自功能的共存状态。即:该设备、分系统、系统不会由于受到处于同一电磁环境中其他设备的电磁发射导致或遭受不允许的性能降低;它也不会使同一电磁环境中其他设备、分系统、系统因受其电磁发射而导致或遭受不允许的性能降低。

航空业将其定义为:系统或设备在预定的电磁环境中工作时,耐受电磁辐射和干扰而不使其性能下降的能力。

通信行业将其定义为:设备或系统在其电磁环境中既能满足其功能要求,又不会对在该环境中的任何事物带来不能容忍的电磁骚扰的能力。

2.0.9 电磁辐射的定义因行业而异，例如在电力科学领域，其定义为：在射频条件下，电磁波向外传播过程中存在的电磁能量发射现象；在地理-遥测科学领域，其定义为：电磁波通过空间或媒质传递能量的一种物理现象。"电磁辐射"一词的含义有时也可引申，将电磁感应现象也包括在内。

2.0.13 间谐波又称谐间波。

2.0.14 谐波次数又称谐波阶数（harmonic order）。

2.0.15 第 n 次谐波电压含有率：

$$HRU_n = (U_n/U_1) \times 100\ (\%) \tag{1}$$

第 n 次谐波电流含有率：

$$HRI_n = (I_n/I_1) \times 100\ (\%) \tag{2}$$

2.0.16 总谐波畸变率指定谐波次数以下的各次谐波分量总有效值与基波有效值之比：

$$THD_u = \sqrt{\sum_{n=2}^{\infty}\left(\frac{U_n}{U_1}\right)^2} \times 100\% \tag{3}$$

$$THD_i = \sqrt{\sum_{n=2}^{\infty}\left(\frac{I_n}{I_1}\right)^2} \times 100\% \tag{4}$$

2.0.17 高次谐波加权畸变率通常用下式表示：

$$PWHD = \sqrt{\sum_{n=14}^{40} n\left(\frac{I_n}{I_1}\right)^2} \tag{5}$$

采用部分加权谐波畸变率，是为了保证充分降低其结果中的较高次谐波电流的影响，且不需对各单次谐波规定限值。

2.0.28 辐射骚扰有时也将感应现象包括在内。

2.0.33 短路容量可表达为：

$$S_{sc} = U_n^2/Z \tag{6}$$

2.0.34 设备额定视在功率分别按下式确定：

对于单相设备： $S_{equ} = U_p I_{equ}$ （7）

对于相间设备： $S_{equ} = U_1 I_{equ}$ （8）

对于三相平衡设备：$S_{equ} = \sqrt{3}\,U_1 I_{equ}$ （9）

对于三相不平衡设备：$S_{equ} = 3U_p I_{equ\,max}$ （10）

其中，$I_{equ\,max}$指流经三相中任何一相最大电流有效值。

2.0.37 对称控制一般以输入源的正负半周相同为基础，即：

如果正负半周的电流波形相同，广义相位控制即为对称控制；

如果在每个导通周期内正负半周数相等，多周控制即为对称控制。

2.0.38 IEC文件中，将无源滤波器称为"调谐滤波器"。

2.0.45 在防静电环境中静电不易产生，静电产生以后易于消散或消除，或静电场的作用能得到抑制。

3 电磁环境规划

3.1 一 般 规 定

3.1.1 建筑电气工程电磁兼容性不仅涉及机电设施（包括供配电系统、电子与信息系统等用电设备）之间的电磁兼容问题，还涉及人与电磁环境的兼容问题，其重点是人的电磁环境卫生问题。

3.1.2 流行病学研究在电磁辐射与卫生健康领域的研究已持续多年，许多流行病学的研究人员对居住在高压输电线路（50Hz/60Hz 的极低频电磁场）周围的儿童患各种白血病和淋巴瘤做了跟踪调查，有的文献认为极低频（30Hz～300Hz）电磁场可能导致儿童患脑癌。也有对电业职工患各种癌症与受到的电磁场的照射之间是否有关，进行了大量调查，但在癌症形成机理没有彻底搞清楚之前，流行病学的调查尚难得出结论，尽管如此，采取基本的预防措施也是非常必要的。

  与电压等级较低的变电所相比，110kV 及以上变电站的电磁辐射能量更大、危害程度更高。同时，由于幼儿、老人与病人的免疫系统相对脆弱，更容易遭受电磁辐射的伤害，因此更应重视电磁环境对此类人群的不利影响问题。另外，110kV 及以上变电站开关设备操作过程中产生的电磁辐射也可能对医疗设备造成严重干扰。故本规范严格限制。

3.1.3 对于新建建筑，建设方应在建设前对红线内建筑的电磁辐射环境进行评价。对于既有建筑，当需要建设移动通信基站时，应通过第三方对电磁辐射环境进行评价。同时，移动通信基站应尽量远离幼儿园、中小学、住宅等建筑。

3.2 电磁环境评价与限值

3.2.1 现行行业标准《环境影响评价技术导则　输变电工程》HJ

24 中,规定了 110kV 及以上电压等级的交流输变电工程、±100kV 及以上电压等级的直流输电工程建设项目环境影响评价的内容和方法。

该标准第 4.6.1 条规定电磁环境影响评价工作等级划分为三级:一级评价要求对电磁环境影响进行全面、详细、深入评价;二级评价要求对电磁环境影响进行较为详细、深入评价;三级评价可只进行电磁环境影响分析。

开关站、串补站电磁环境影响评价等级参照表 1 中相同电压等级的变电站确定;换流站电磁环境影响评价等级以直流侧电压为准,依照表 1 中的直流工程确定。进行电磁环境影响评价工作等级划分时,如工程涉及多个电压等级或涉及交、直流的组合,应以其最高工作电压等级进行定级和评价。

表 1 输变电工程电磁环境影响评价工作等级

分类	电压等级	工程	条件	评价工作等级
交流	110kV	变电站	户内式、地下式	三级
			户外式	二级
		输电线路	1. 地下电缆 2. 边导线地面投影外两侧各 10m 范围内无电磁环境敏感目标的架空线	三级
			边导线地面投影外两侧各 10m 范围内有电磁环境敏感目标的架空线	二级
	220kV～330kV	变电站	户内式、地下式	三级
			户外式	二级
		输电线路	1. 地下电缆 2. 边导线地面投影外两侧各 10m 范围内无电磁环境敏感目标的架空线	三级
			边导线地面投影外两侧各 10m 范围内有电磁环境敏感目标的架空线	二级

续表 1

分类	电压等级	工程	条 件	评价工作等级
交流	500kV 及以上	变电站	户内式、地下式	二级
			户外式	一级
		输电线路	1. 地下电缆 2. 边导线地面投影外两侧各 20m 范围内无电磁环境敏感目标的架空线	二级
			边导线地面投影外两侧各 20m 范围内有电磁环境敏感目标的架空线	一级
直流	±400kV 及以上	—	—	一级
	其他	—	—	一级

注：根据同电压等级的变电站确定开关站、串补站的电磁环境影响评价工作等级，根据直流侧电压等级确定换流站的电磁环境影响评价工作等级。

现行行业标准《环境影响评价技术导则　输变电工程》HJ 24 规定了电磁环境影响评价的基本要求，主要包括：

（1）一级评价的基本要求：

对于输电线路，其评价范围内具有代表性的敏感目标和典型线位的电磁环境现状应实测，对实测结果进行评价，并分析现有电磁源的构成及其对敏感目标的影响；电磁环境影响预测应采用类比监测和模式预测结合的方式。

对于变电站、换流站、开关站、串补站，其评价范围内临近各侧站界的敏感目标和站界的电磁环境现状应实测，并对实测结果进行评价，分析现有电磁源的构成及其对敏感目标的影响；电磁环境影响预测应采用类比监测的方式。

（2）二级评价的基本要求：

对于输电线路，其评价范围内具有代表性的敏感目标的电磁环境现状应实测，非敏感目标处的典型线位电磁环境现状可实测，也可利用评价范围内已有的最近三年内的监测资料,并对电磁环境现状进行评价。电磁环境影响预测应采用类比监测和模式预测结合的方式。

对于变电站、换流站、开关站、串补站,其评价范围内临近各侧站界的敏感目标的电磁环境现状应实测,站界电磁环境现状可实测,也可利用已有的最近三年内的电磁环境现状监测资料,并对电磁环境现状进行评价。电磁环境影响预测应采用类比监测的方式。

(3)三级评价的基本要求:

对于输电线路,重点调查评价范围内主要敏感目标和典型线位的电磁环境现状,可利用评价范围内已有的最近三年内的监测资料;若无现状监测资料时应进行实测,并对电磁环境现状进行评价。电磁环境影响预测一般采用模式预测的方式。输电线路为地下电缆时,可采用类比监测的方式。

对于变电站、换流站、开关站、串补站,重点调查评价范围内主要敏感目标和站界的电磁环境现状,可利用评价范围内已有的最近三年内的电磁环境现状监测资料,若无现状监测资料时应进行实测,并对电磁环境现状进行评价。电磁环境影响预测可采用定性分析的方式。

我国某电力公司于2014年建立了变电站电磁环境在线监测系统,对3个变电站的电磁环境进行连续实时监测,表2~表4列举了部分数据(其监测位置均为变电站围墙内侧)。

表2 某500kV变电站监测值

频率范围	现行国家标准《电磁环境控制限值》GB 8702—2014规定的限值	日均值最大值	日均值平均值
10Hz~5kHz 工频电场	4000V/m	150.101V/m	56.097V/m
10Hz~5kHz 工频磁场	100μT	12.113μT	0.937μT

表3 某220kV变电站监测值

频率范围	现行国家标准《电磁环境控制限值》GB 8702—2014 规定的限值	日均值最大值	日均值平均值
10Hz～5kHz 工频电场	4000V/m	0.879V/m	0.810V/m
10Hz～5kHz 工频磁场	100μT	0.847μT	0.555μT

表4 某110kV变电站监测值

频率范围	现行国家标准《电磁环境控制限值》GB 8702—2014 规定的限值	日均值最大值	日均值平均值
10Hz～5kHz 工频电场	4000V/m	7.316V/m	6.516V/m
10Hz～5kHz 工频磁场	100μT	0.758μT	0.753μT

3.2.2 现行行业标准《辐射环境保护管理导则 电磁辐射环境影响评价方法与标准》HJ/T 10.3 中,规定了电磁辐射项目环境影响评价的范围、方法和标准。其中第 3.1 条规定了评价的范围。评价范围(评价对象)包含下列设备:

(1)功率＞200kW 的发射设备:以发射天线为中心,半径为 1km 范围全面评价,如辐射场强最大处的地点超过 1km,则应在选定方向评价到最大场强处和低于标准限值处。

(2)其他陆地发射设备:评价范围为以天线为中心:发射机功率 $P>100$kW 时,其半径为 1km;发射机功率 $P\leqslant100$kW 时,半径为 0.5km。

对于有方向性天线,按天线辐射主瓣的半功率角内评价到 0.5km,如高层建筑的部分楼层进入天线辐射主瓣的半功率角以内时,应选择不同高度对该楼层进行室内或室外的场强测量。

工业、科学研究、医疗电磁辐射设备,如高频热合机、高频淬火炉、热疗机等评价范围为以设备为中心的250m。

当建筑物位于上述电磁环境影响评价范围内时,应根据环评报告的要求采取相应的措施。

3.2.3 现行国家标准《电磁环境控制限值》GB 8702规定:当公众暴露在多个频率的电场、磁场、电磁场中时,电磁环境的评价应综合考虑多个频率的电场、磁场、电磁场所致暴露,并应满足下列要求:

(1)在1kHz～100kHz之间,应满足下列关系式:

$$\sum_{i=1\mathrm{Hz}}^{100\mathrm{kHz}} \frac{E_i}{E_{\mathrm{L},i}} \leqslant 1 \tag{11}$$

和

$$\sum_{i=1\mathrm{Hz}}^{100\mathrm{kHz}} \frac{B_i}{B_{\mathrm{L},i}} \leqslant 1 \tag{12}$$

式中:E_i——频率i的电场强度;

$E_{\mathrm{L},i}$——表3.2.1中频率i的电场强度限值;

B_i——频率i的磁感应强度;

$B_{\mathrm{L},i}$——表3.2.1中频率i的磁感应强度限值。

(2)在0.1MHz～300GHz之间,应满足下列关系式:

$$\sum_{j=0.1\mathrm{MHz}}^{300\mathrm{GHz}} \frac{E_j^2}{E_{\mathrm{L},j}^2} \leqslant 1 \tag{13}$$

和

$$\sum_{j=0.1\mathrm{MHz}}^{300\mathrm{GHz}} \frac{B_j^2}{B_{\mathrm{L},j}^2} \leqslant 1 \tag{14}$$

式中:E_j——频率j的电场强度;

$E_{\mathrm{L},j}$——表3.2.1中频率j的电场强度限值;

B_j——频率j的磁感应强度;

$B_{\mathrm{L},j}$——表3.2.1中频率j的磁感应强度限值。

3.2.4 建筑物室外附属空间是指规划红线及人员活动范围以内的室外空间。

表 3.2.4 中的相关数据引自现行国家标准《电磁环境控制限值》GB 8702,该标准采用了比国际非电离辐射委员会(ICNIRP)导则更严格的考核指标。

电磁场对人体的影响复杂且难以界定。人体是导体,人体细胞膜的厚度为 7.5nm,细胞膜上正常的内源静电位为 20mV～100mV,外正内负,细胞膜自身的场强约为 10 MV/m。细胞膜可看成是一个具有不错性能的屏蔽体,通常情况下它能屏蔽外界电场、电流对细胞核以及 DNA 分子的作用。人体处在电磁场中会发生相互作用,产生电磁生物效应。在电场中分子的正负电荷由于感应而重新分布,造成偶极矩和极化状态的变化,就有可能诱导出分子构象的变化。当频率高到 10MHz 附近时,有显著的介电损耗出现。电磁场可以影响离子通道的介电性质,从而影响离子的输运。一个微弱的电磁场作用于生物体后,与作用于无生命的导体、绝缘体完全不同。电磁场会在生物体上激发出强大的反应,使生物体有序而协调地引起一串非线性响应。这种触发当然应达到一定的阈值,才能有效启动响应机制。生物体中的神经系统、内分泌系统、免疫系统都有这类非线性响应。

电磁场与人体之间的耦合机制大致包括下列几个方面：

(1)人体与低频电场的耦合:交变电场与人体的作用将在体表产生感应电荷以及体内电荷的流动,即电流。电荷将极化形成电偶极子,原来的电偶极子将转向形成电流。极化电流的值随辐射条件,人体部位不同而定。

(2)人体与低频磁场的耦合:交变磁场在人体内产生感应电场并形成回路电流。电流幅值决定于人体与外界磁场的相对位置及人体的不同部位。

(3)人体从高频电磁场吸收能量:人体暴露在低频的电场,磁场下吸收的能量通常是可以忽略的,且在体内也无法测出的温升。当暴露在 100kHz 的电磁场下时将导致有意义的能量吸收和温度升高。

人体对电磁场的直接反应可概括为热效应和生理效应。由于人体是导体,体内自发的内源电流密度大约为 10 mA/m^2。外电磁场会在体内感生电流而转换为焦耳热,也会因体内分子极化运动而产生热。因而使体温平衡功能失调而引发生理功能紊乱;生理效应是电磁场首先作用于感觉神经末梢,然后变成内部信号作用到中枢神经使新陈代谢、脑电波等发生变化,从而通过随意神经和自主神经使人的行为发生变化,引起心脏、胰腺等器官的变化;也可能使甲状腺、肾上腺等内分泌改变因而影响循环、血液、免疫、生殖、代谢等系统的功能,这种效应在射频(300kHz～300MHz)范围内最显著。在过度的生理效应作用下会使人感到疲劳、兴奋、记忆力衰退、睡眠紊乱,严重的有心动过速、高血压、消化系统功能紊乱和免疫功能下降。

综上所述,对电磁环境公众暴露提出限制性指标无疑是有积极意义的。

3.2.5 应根据辐射源的特性,针对性地采取防护措施。比如对低频磁场可采用高导电及导磁的材料、对电场或高频电磁场采用具有一定导电及导磁性能的材料等进行屏蔽,屏蔽设施需要进行良好接地。工程设计中,还应重视门窗和孔洞、缝隙的电磁辐射防护以及贯穿金属线缆的传导防护等问题。

国际非电离辐射防护委员会(ICNIRP)指出,人类暴露于电场和磁场的防护可以通过全面遵循以下原则确保:

保护工人的措施包括工程与管理控制以及个人防护程序。在暴露于工作场所导致基本限值被超过时,必须采取适当的防护措施。作为第一步,应该采取尽可能把装置的排放降低到可接受水平的工程控制措施。这些控制措施包括良好的安全设计及在必要时使用联锁或类似的健康防护机制。

管理控制,诸如限制进入和使用声觉、视觉警告,应该与工程控制结合使用。个人防护措施,如防护服,虽然在某些情况下是有用的,应该看作是确保工人安全的最后手段,只要有可能,还是应优先采取工程与管理控制。进一步地,在使用绝缘手套等来防护个人受电击时,基本限值不应被超过,这是因为绝缘防护只是防止了场的非直接效应。

除防护服和其他个人防护以外,在有可能超过公众参照水平的情况下,相同的一些措施可以应用于公众。

3.2.6 本条文技术指标引自现行国家标准《高压交流架空送电线无线电干扰限值》GB 15707。当高压交流架空送电线路穿越建筑基地或靠近建筑物时应按本条文执行。

3.2.7 本条文指标引自现行国家标准《电磁环境控制限值》GB 8702。符合表3.2.7规定的设施或设备可不列入环境评价范围。

4 供配电系统的电磁兼容性设计

4.2 电网电能质量

4.2.2 对于没有中性导线或没有线对地负载的三相网络,3次和9次谐波值会大大低于兼容水平。表4.2.2中的兼容水平主要针对长期影响。对于短期影响,单个电压谐波分量的兼容水平应将本表中的数据乘以系数k,k的计算方法为:

$$k = 1.3 + \frac{0.7}{45} \times (n-5) \tag{15}$$

表4.2.2中的谐波电压兼容水平采用《环境—公用低压供电系统低频传导骚扰及信号传输兼容水平》IEC 61000-2-2标准中的规定。

4.2.3 工业与民用建筑配电系统中都存在间谐波(谐间波)。比较典型的间谐波来源有:变流整流装置、感应电机、交流电弧炉、频繁通断的电气设备等。谐间波不仅具有与谐波相似的危害,而且谐间波所引起的波形毛刺还会导致某些特殊危害,例如引起闪变、显示屏闪烁、滤波器过负荷、仪表过零点检测误差等。

闪烁是人对电压畸变所导致的白炽灯亮度变化的主观感受,它可用来评价间谐波造成的波形毛刺等现象以及这些现象对用电设备的可能影响。

4.2.5 电压暂降和短时中断对IT基础性制造行业和民用建筑中的某些需连续工作的设施可能造成严重后果。

4.2.7 特高压输配电系统在一般工业与民用建筑工程中不会涉及,故未作规定。

4.2.9 表4.2.9指标是在总结现行国家标准《电能质量 公用电网谐波》GB/T 14549执行经验的基础上,结合我国实际情况并参考了国外的谐波标准修订而提出的。从限值标准中可以看出:电压等级越高的电网,其谐波限值越严,这是因为考虑到了上、下级谐波电压的渗透(传递)作用。

国外的标准中,对谐波水平一般用谐波电压含有率或总谐波畸变率表示。其电压总谐波畸变率范围:

低压(≤1kV):一般为5%,个别为4%、7%;

高压(24kV～77kV):一般为2%～5%,个别为6%。

4.2.10 注入公共连接点的谐波电流允许值引自现行国家标准《电能质量公用电网谐波》GB/T 14549。表4.2.10指标是指与该公共连接点相连的所有用户向该点注入的谐波电流分量或电压分量(方均根值)之和。对于专线接入的供电用户,表中数据就是该用户谐波电流或谐波电压的上限,对于多个用户合用一条线路时,表中限制按各用户的供电容量分摊。

当电力系统公共连结点处的最小值短路容量与基准短路容量不同时,谐波电流允许值应按下列方法进行换算:

(1)当电网在正常运行方式下公共连接点的最小短路容量不同于表4.2.10中的基准短路容量时,应按式(16)修正表4.2.10中的谐波电流允许值。

$$I_n = \frac{S_{k1}}{S_{k2}} I_{np} \tag{16}$$

式中:I_n——短路容量为S_{k1}时的第n次谐波电流允许值(A);

S_{k1}——在正常运行方式下公共连接点的最小短路容量(MVA);

S_{k2}——对应本规范表4.2.10中的基准短路容量(MVA);

I_{np}——本规范表4.2.10中的第n次谐波电流允许值(A)。

(2)同一公共连接点的每一个用电单位,向电网注入的谐波电流(方均根值)允许值,应按此用电单位在该点的协议用电容量与公共连接点的供电容量之比进行分配。

国际电工委员会(IEC)标准《公用低压供电系统低频传导干扰的信号的兼容性水平》IEC 6100-2-2规定了低压供电系统谐

波电压兼容水平,见表5。

表5 低压供电系统谐波电压兼容性水平

谐波次数 n	谐波电压(%)	谐波次数 n	谐波电压(%)	谐波次数 n	谐波电压(%)
5	6.0	3	5.0	2	2.0
7	5.0	9	1.5	4	1.0
11	3.5	15	0.3	6	0.5
13	3.0	21	0.2	8	0.5
17	2.0	>21	0.2	10	0.5
19	1.5	—	—	12	0.2
23	1.5	—	—	>12	0.2
25	1.5	—	—	—	—
>25	$0.2+1.3\times(25/n)$	—	—	—	—

注:总谐波畸变率为8%。

表6为部分国家电力系统谐波电压限值。

表6 部分国家电力系统谐波电压限值

国家	标准编号或制定部门(缩写)	电网电压(kV)	谐波次数 n	各次谐波电压含有率(%)	电压总谐波畸变率(%)
美国	IEEE std-5192005	2.4~69	—	3	5
		115~161	—	1.5	2.5
苏联	TOCT13109-87	≤1	奇次	6	5
			偶次	3	(最大10)
		6~20	奇次	5	4
			偶次	2.5	(最大8)
		35	奇次	4	3
			偶次	2	(最大6)

续表6

国家	标准编号或制定部门(缩写)	电网电压(kV)	谐波次数 n	各次谐波电压含有率(%)	电压总谐波畸变率(%)
德国	VDEW\1987	低压	奇次(非3倍数)	0.24～5.0	—
			奇次(3倍数)	0.20～4.0	
			偶次	0.20～1.5	
日本	电气协同研究会	6.6	3～39(奇次)	1～4	5
		7～22	3～39(奇次)	0.5～2.5	3
加拿大	CNHS(1986)	≤12	—	—	7
		12～44			6
法国	EDF1981	—	—	—	5
澳大利亚	AS22791979	≤33(配电)	奇次	4	5
			偶次	2	
		22～66(输电)	奇次	2	3
			偶次	1	
英国	ERG5/3	0.415	奇次3～19	4	5
			偶次2～18	2	
		6.6及11	奇次3～19	3	4
			偶次2～18	1.75	
		33及66	奇次3～19	2	3
			偶次2～18	1	

注:苏联标准中不带括号的数值是指电网正常工况下昼夜中不少于95%的时间内的限值,而括号内的最大值是指正常工况下的极限值。

4.3 电气设备的谐波电流发射限值

4.3.1 每相输入电流不大于16A的单台设备的分类及其谐波电

流限值引自现行国家标准《电磁兼容限值谐波电流发射限值(设备每相输入电流≤16A)》GB 17625.1。

为了规定谐波电流限值,将设备分类如下:

A类:包括平衡的三相设备;家用电器,不包括列入D类设备;工具,不包括便携式工具;白炽灯调光器;音频设备;未规定为B、C、D类的设备均应视为A类设备。

注:对供电系统有显著影响的设备,今后可能会重新分类。需要考虑的因素包括:在用设备的数量;使用持续时间;使用的同时性;消耗的功率;谐波频谱,包括相位。

B类:便携式工具;不属于专用设备的弧焊设备。

C类:照明设备。

D类:规定功率不大于600W的下列设备:个人计算机和个人计算机显示器;电视接收机。

注:考虑A类的注中所列出的因素,对于那些对公用供电系统有显著影响的设备,保留D类限值。

本条文第4款中,对于有功功率小于或等于25W的放电灯,应符合下列两项要求中的一项(有内置式调光器的放电灯具,测量仅在满负荷条件下进行):

(1)谐波电流不超过本规范表4.3.1-3(D类)第2栏中与功率相关的限值;

(2)用基波电流百分数表示的3次谐波电流不应超过86%,5次谐波不超过61%,而且,假设基波电源电压过零点为0°,输入电流波形应是60°或之前开始流通,65°或之前有最后一个峰值(如果在半个周期内有几个峰值),在90°前不应停止流通。

4.3.2 现行国家标准《电磁兼容 限值 对额定电流大于16A的设备在低压供电系统中产生的谐波电流的限制》GB/Z 17625.6中规定了额定电流大于16A且不大于75A的设备谐波限值。标准中将设备限值规定了三种情况:不平衡三相设备、平衡三相设备和特定条件下不平衡三相设备的谐波电流发射限值。当设备所产生的谐波符合本规范表4.3.2-1～表4.3.2-3中短路功率比$R_{sce}=33$时的各次谐波限值的规定时,就适于接入低压电网上;当短路

功率比 $R_{sce}>33$ 时,从表中可以看出放宽了谐波电流限值,这适于大多数每相输入电流>16A 的设备。而对于短路功率比 $R_{sce}<33$,因可能需要降低换流器相缺口的深度,特别是在这种情况下,设备不符合现行国家标准《电磁兼容 限值 对额定电流大于 16A 的设备在低压供电系统中产生的电压波动和闪烁的限制》GB/Z 17625.3 的规定,所以不考虑。

本规范表 4.3.2-1～表 4.3.2-3 中给定的谐波电流限值适用于各线电流而不适用中性线电流。

如果满足下列条件中的任何一条,就适用于本规范表 4.3.2-3(用于三相平衡设备):①在整个观察周期,相对于基波相电压,5 次谐波电流的相角在 90°和 150°之间。②如果设备 5 次谐波电流的相角没有主导值,可在整个区间[0°,360°]上任意取值。③在整个观察期,5、7 次谐波电流均小于基波参考电流的 5%。

在以下任一情况下,表 4.3.2-2 和表 4.3.2-3 适用于混合设备:①混合设备的最大 3 次谐波电流小于基波参考电流的 5%;②在混合设备的制造中有在测量供电电流时隔离平衡三相和单相或相间负载的约定,在测量时,被测量的设备组件的电流应与正常运行状态下相同。在这种情况下,相关的限值应分别应用于单相、相间负载和平衡的三相负载。

本规范表 4.3.2-2 或表 4.3.2-3 应用于平衡的三相负载的电流,表 4.3.2-1 应用于单相或相间负载的电流。

4.3.4 不间断电源装置(UPS)的谐波允许值符合国家现行标准《电子信息系统机房设计规范》GB 50174 和《通信用不间断电源(UPS)》YD/T 1095 中的相关规定,主要适用于各类通信静止型不间断电源装置。表 4.3.4 将指标分类为Ⅰ、Ⅱ、Ⅲ三个等级是依据对电能质量的要求不同以及电子计算机的使用范围性能和运行方式(是否联网)等情况而划分的。在使用时应根据低压配电系统谐波骚扰强度等级等因素选用。应急电源(EPS)的选型可参照本条文执行。

4.3.5 本规定采用的是现行国家标准《电能质量公用电网间谐波》GB/T 24337 及 IEC 61000-3-6 标准中有关间谐波的规定，间谐波源主要是静止变频器、大功率电子变流器、交流调压器、电弧炉、电焊机等。间谐波的相位与频谱都具有离散性，其中相当一部分在叠加时会相互抵消，因此，计算时可不考虑间谐波的叠加。

现行国家标准《电能质量公用电网间谐波》GB/T 24337 还对下列设备的兼容水平控制规定如下：①为避免荧光灯等光源的闪变影响，对 25Hz 以下的间谐波宜限制在 0.2% 以下。②对于电视机、感应旋转电机（噪声和振动）和低频继电器等，在最高为 2.5Hz 的频率范围内的间谐波不应超过 0.5%。③为避免无线电接收机和其他间频设备中的噪声，在 2.5Hz～5kHz 频率范围内的间谐波不应超过 0.3%。

4.4 电气设备的谐波抗扰度

4.4.4 100Hz 以上间谐波的抗扰度试验等级，依据受试设备的适用电磁环境类别所确定的电网信号或 Meister 曲线水平来选择，电网信号水平在 U_1 的 2% 至 6% 范围，离散的谐间波频率的幅度为基波电压 U_1 的 0.5% 左右（无谐振时）。对工业网络可采用等级 3，也可采用更高等级。

4.5 供配电系统谐波及其防治

4.5.2 Dy 型变压器虽然并非为抑制谐波而设计，但是能有效阻断 3 次及其倍数次谐波电流在变压器两侧的传播，但其代价是变压器将承受更严重的温升、振动和噪声。

应当注意的是，影响配电变压器联结组的选择的首要因素是用电安全。例如，当 Dyn11 联结组的变压器高压 10(6)kV 线路由架空线路供电时，如果高压侧发生架空线一相断线或跌落式熔断器单相熔断，则变压器低压侧有两相负荷的电压降为 1/2 相电压，接在这两相上的单相电动机负荷的起动矩降为其额定起动转矩的

1/4（即 $M_q=1/4M_{eq}$），这时可能会因电机堵转而大量烧毁以电机为动力的电器。因此，对由架空线路供电的或由跌落熔断器保护的变压器向住宅等单相电机负荷较多建筑物供电时，不宜选用Dyn11联结组，而应选用Yyn0联结组的变压器，或选用单相变压器。因为对Yyn0联结组的变压器而言，当发生上述故障时，其低压侧接在与故障相关相上的单相电动机的轴转矩 $M_q=0.75M_{eq}$，这时家用电器等的单相电机不会堵转而烧毁。

4.5.4 谐波源设备集中布置便于谐波治理；谐波源设备布置在靠近电源侧，可减少其对下游设备的谐波骚扰。

4.5.6 供电线缆截面放大一级可以有效降低医疗设备电源侧的阻抗，有利于改善相关线路的电压波形，确保此类医疗设备的稳定运行。降低配电变压器的内阻也是有效措施之一，但成本相对较高。

4.5.7 一般而言，谐波电压畸变取决于电网的电能质量、负载在不同条件下的特性，也和系统阻抗有关。

国际电工委员会标准《公共电网系统中低频传导干扰和信号兼容水平》IEC 61000-2-2 和《基本EMC出版物-电磁环境的分类》IEC 61000-2-5 把供配电系统按谐波骚扰程度分为"A、1、2、X"四级。为适应我国设计人员的使用习惯，本规范采用"一、二、三、四"的分级方法，一级代表谐波骚扰最少，以此类推。表中一级干扰采用了《工业低频传导干扰的兼容水平》IEC 61000-2-4 中工业一类电磁环境的相应数据。二级谐波骚扰强度即可完全满足本规范4.2.2条的要求，三级则基本不满足该条的要求。

分级的定义是基于统计意义上的。为满足EMC电磁兼容要求，有必要控制众多数量功率不大的设备的谐波电流发射限值，并视需要采取包括滤波在内的谐波抑制措施。

参照《低压开关柜和控制柜-型式试验和部分型式试验装置》IEC 60439-1 第7.9.3节，13次以下各奇次谐波电压分量最大为5%。EMC电磁兼容原则要求设备的最低抗扰度限值（Immunity limit）尽可能高于设备的最高发射水平（Emission limit）以取得良好安全裕度。从系统控制角度应限制总的发射水平。故在经济合理时,总谐波电压畸变率宜限制在5%以下(近似于本规范中的一级骚扰电磁环境)。

4.5.8 当配电系统的谐波骚扰强度超过三级时,系统已不满足本规范第4.2.2条的要求。

考虑谐波影响时,功率因数为:

$$PF = \frac{P}{S} = \frac{P}{S_1} \cdot \frac{S_1}{S} = PF_{\text{disp}} \cdot PF_{\text{dist}} \quad (17)$$

式中:P——有功功率;

S——视在功率;

PF_{disp}——位移功率因数;

PF_{dist}——畸变功率因数。

对于无限大电力系统而言,可以近似地认为其内阻为零,故有$THD_u=0$,于是可以得出:

$$P \approx P_1 = U_1 I_1 \cos\phi \quad (18)$$

$$PF = \frac{P}{S} \approx \frac{U_1 I_1 \cos\phi}{U I_{\text{rms}}} \quad (19)$$

$$\frac{I_1}{I_{\text{rms}}} = \frac{1}{\sqrt{1+THD_i^2}} \quad (20)$$

$$PF = \frac{\cos\phi}{\sqrt{1+THD_i^2}} \quad (21)$$

4.5.11 谐波电流会导致变压器温升增加、出力降低,必要时可采用常规变压器降容使用或采用按K系数设计并制造的变压器。

K系数变压器适宜向谐波含量较高($THD_i>5\%$)的负载供电,必须依照这些负载进行专门设计。《非正弦负载电流供电变压器容量的确定的推荐做法》ANSI C57.110—1986中,提供了当高谐波电流出现时变压器内热效应的计算方法。此方法算出一个数值,被称为"K系数",该系数与变压器铁心中涡流损耗有倍数关系,而涡流又与引起变压器发热的谐波电流有关。变压器制造商通过这个数据设计变压器铁心、绕组及绝缘体系,以使其比标准设计的变压器能耐受更高的内部热负荷(温升)。简单地说,一个 K 系数变压器可以比同类标准设计的变压器耐受接近 K 倍的内部热负荷(如 K4 变压器与一个同类 ANSI 标准非谐波额定变压器相比,在不缩短机械寿命及变压器承载能力的前提下,K4 变压器可承受约四倍于该标准变压器的内部热负荷)。

必须注意的是,K 系数仅仅说明变压器承受内部热负荷的能力,采用 K 系数变压器并不代表配电系统或其负荷的谐波情况能够有所改善。

K 系数变压器有下列特点:

(1)低于正常的磁通密度,因此可以承受由谐波电流引起的过电压;

(2)在一次和二次绕组的每匝线圈上使用了电磁屏蔽,从而减弱了较高频率的谐波;

(3)配置了一条中性线,其规格是相导体的二倍,以解决 3 次倍数谐波引起的中性线电流增加问题;

(4)绕组被设计成由多个较小尺寸的平行导体组成,从而减少了高次谐波下的集肤效应。

在某些发达国家,如果配电系统的 K 系数超过 4,就应使用 K 系数变压器,或者按降容系数 D 将普通变压器的额定出力打折后使用(也即选用更大容量的变压器)。

4.5.12 串联调谐电抗器配比(电抗率)的计算方法:

调谐频率 f_n 处:

$$X_L = \frac{X_C}{n^2} \qquad (22)$$

式中:X_L——电抗器基波感抗值;

X_C——电容器基波容抗值;

n——谐波次数。

在确定电抗器容量时,应使实际调谐频率应小于理论调谐频率(即希望抑制的谐波频率),以避免发生系统的局部谐振。还应考虑一定裕度,因为当电容器使用时间较长后,其介质材料退化,从而导致电容值下降,引起谐振频率的升高。表7提供了电抗器推荐值。

表7 电抗器推荐值

理论调谐次数	理论调谐频率	实际电抗器配比
3	150	13.7%,可选12%～15%
5	250	5.4%,可选4%～5.5%
7	350	2.52%,可选2%～3%
11次及以上		1%

4.5.13 谐波电流会导致电容器承受的端电压升高。设计师可根据谐波源设备的占比,选择不同耐压水平的电容器。

表8为对各种容量变压器都适用的选型原则。

表8 电容器选型方法(一)

$G_h \leqslant \dfrac{S_{sc}}{120}$	$\dfrac{S_{sc}}{120} \leqslant G_h \leqslant \dfrac{S_{sc}}{70}$	$G_h > \dfrac{S_{sc}}{70}$
标准电容器	电容器额定电压增加10%(不包含230V的设备)	电容器额定电压增加10%,且设置谐波抑制电抗器

当变压器 $S_n \leqslant 2MVA$ 时,可按表9简化处理。

表9 电容器选型方法(二)

$G_h \leqslant 0.15 S_n$	$0.15 S_n \leqslant G_h \leqslant 0.25 S_n$	$0.25 S_n < G_h \leqslant 0.60 S_n$	$G_h > 0.60 S_n$
标准电容器	电容器额定电压增加10%(不包含230V的设备)	电容器额定电压增加10%,且设置谐波抑制电抗器	滤波器

注:G_h——连接到有电容器组的母线上所有产生谐波源装置(静态变换器、变频器、速度控制器等)的视在功率额定值的总和。应当注意的是,12脉及以上的整流器、已采取非常有效的谐波抑制措施的谐波源设备等均不应计入。

S_{sc}——电容器组端的三相短路容量(kVA);

S_n——系统中变压器视在功率额定值的总和。

4.5.14 一般而言,不对称控制可能使非线性负载的谐波发射量增加。

4.6 供配电系统电压异常及其防治

4.6.1 本规范中所指的电压异常包括有电压短时中断、电压暂降(又称电压骤降、电压凹陷)、电压骤升、过电压及欠电压。

电压短时中断(Voltage Interruption)是指供电系统中某连接点电压有效值从额定电压骤降至额定电压的 0.1 倍(即 0.1p.u.)以下,随后又在 0.5 至 3 个周波内恢复至额定电压的短暂失压现象。电压中断的持续时间是其主要评价指标。

电压暂降(Voltage sags 或 Voltage dips)是指供电系统中某连接点电压有效值快速下降到 $0.1 \sim 0.9$(即 $0.1p.u. \sim 0.9p.u.$)倍额定电压,随后又在 10ms~1min 的短暂持续期后恢复到额定值的现象。电压暂降的深度(Depth of voltage dip)和持续时间(Duration of voltage dip)是其主要评价指标。

电压骤升(Swell)是指电压幅值升至额定值的 110%~180%,持续时间 10ms~1min。

过电压(Over-voltage)是指电压幅值为额定值的 110%~120%,持续时间大于 1min。

欠电压(Under-voltage)是指电压幅值为额定值的 80%~90%,持续时间大于 1min。

引起电网电压中断和电压暂降现象的原因复杂多样。在城市终端电网中,电压中断通常由输配电网络自动重合闸动作、配电系统中常用电源与备用电源之间的转换等操作引起,其持续时间取决于上述过渡过程的长短。电压暂降主要是由于电力系统输电线遭受雷击、发生短路事故或一些用电设备(如电动机)启动或突然加载时所产生的电网电压瞬间降低现象。对终端电网而言,电压暂降发生频率高、持续时间短、检测与记录比较困难。某市电力部门曾对域内 84 家 IT 类电压敏感用户的电压暂降事件进行了调查,调查结果表明,该市输配电网存在以电压暂降及电压短期中断为主的动态电能质量问题,电压暂降和电压短期中断事件对半导体制造厂的生产影响很大,短期电压变化事件造成的经济损失每年为数十万元甚至上千万元,短期电压变化事件还会使电加热炉排气不畅而造成爆炸事故。

电压暂降和电压短期中断事件对软件及通讯公司的危害严重,根据国内某知名通讯公司提供的资料,电压暂降会造成计算机数据丢失,某次最严重的电压暂降事件曾使其损失达700万元人民币。电压凹陷和电压短期中断事件对半导体及电路制造公司的危害更大,此类企业的电力敏感设备主要有压缩机、钻孔成形和生产制成等连续性生产设备,根据某知名IT制造商提供的资料,电压暂降事件导致生产中的晶圆破皮,设备复机需要1d~5d时间,公司每年承受从几十万元到几百万元的经济损失。上海某科学实验装置每年应电压暂降导致的电子加速器故障多达十余起,低压凹陷深度可达80%(即瞬间电压仅有额定工作电压的20%),对科学实验造成较大不利影响。电压暂降对工业和民用建筑的不良影响不容忽视,应引起设计师的足够重视。

4.6.3 机械储能型电压自动补偿装置主要由高速飞轮、轴承支承系统、电动/发电机、功率电子变换器、电子控制设备以及附加设备等部分组成,是常用的机械储能装置之一,它是以物理方法把工频电网提供的电能以动能的形式储存,利用现代功率电子技术,实现机电能量转换的装置。其基本工作原理是由电能驱动飞轮到高速旋转,电能转变为机械能储存,当需要电能时,"飞轮"减速,电动机作发电机运行,将"飞轮"动能转换成电能,"飞轮"的升速和降速,实现了电能的存入和释放。

机械储能型电压自动补偿装置具有大储能、高效率、无污染、长寿命的特点,在电网调峰、不间断电源、分布式供电等诸多领域也具有应用前景。

4.6.4 动态电压调节器(DynamicVoltageRestorer,DVR)主要由

变压器、换流器和储能装置组成，变压器串接在供电线路上向敏感负荷供电。补偿是双向的，既能升高已下跌的电压，也能降低过高的电压，其响应时间只需几个毫秒。当电源侧电压质量明显不符合敏感负荷要求时，DVR通过串接的注入变压器向馈线注入可控幅值、相角和频率的电压，来校正负荷侧电压波形的畸变，包括由于邻近线路发生故障或负荷时而引起的电压波动。

电网电压受到干扰造成负荷侧电压短时跌落（几个周波至几十个周波）是造成敏感负荷、计算机设备故障的主要原因，而动态电压调节器在 1ms～2ms 之内产生补偿电压，抵消系统电压所受干扰，使负荷侧电压感受不到扰动，保证了敏感负荷、计算机负荷的安全可靠运行。动态电压调节器响应速度快，可以保证负荷侧电压波形为标准正弦，消除电压谐波和电压波动与闪变对负载的影响。此类产品能够抑制动态和稳态的电压跌落、浪涌、闪变，具有良好的动态电压补偿能力，可以有效抑制谐波、三相不平衡，提高电能质量。

动态电压调节器可以安装在计算中心的服务器与系统电源之间，防止系统电压干扰造成计算机与服务器故障造成数据丢失，提高计算机系统的安全可靠性。动态电压调节器也可以串联在敏感负荷与系统电源之间，防止系统电压干扰造成敏感负荷工作异常，如半导体工厂供电电源与用电负荷之间，防止系统电压波动，跌落和闪变造成半导体工厂产生大量废品及巨大的经济损失。

4.6.5 静止无功发生器（SVG）是快速响应的固态电力控制器，它能向配电馈线连接处提供灵活的电压控制以改进电力质量；同时也是一个交流同期电压源，通过一个联络电抗和配电系统相关联，并能用改变电压源的幅值和相角的方法和配电系统交换无功和有功功率，其结果就可通过以 SVG 和配电线之间的联络电抗来控制电流。这样可调节无功电流和抑制电压波动。SVG 是通过一个先进电力半导体装置组成的固态的直流到交流的变流器来实现的。它能有效地替代配电系统采用常规电压和无功控制元件、有载分接开关、电压调整器和自动投切电容器。一台多功能的SVG包括的功能有电压控制、动态滤波、低损控制无功和有功功率。

4.6.6 UPS设备昂贵,仅为补偿电压暂降使用UPS显然不经济。

5 建筑智能化系统电磁兼容性设计

5.1 一般规定

5.1.1 建筑智能化系统设计通常包括信息化应用系统、智能化集成系统、信息设施系统、建筑设备管理系统、公共安全系统、机房工程等。其中，公共安全系统通常包括火灾自动报警系统、安全技术防范系统和应急响应系统等。上述系统分类方法引自现行国家标准《智能建筑设计标准》GB 50314。

5.1.3 常见的强骚扰源包括变压器室、高压开关柜室、发电机房、大功率晶闸管设备等。

5.1.6 当受条件限制必须与电力线路并行靠近敷设时，可选用光缆、屏蔽型电缆或屏蔽双绞线。视频安防监控系统和有线电视系统宜采用具有外屏蔽层的同轴电缆或光缆。

5.1.7 信号滤波器分为数字滤波器和模拟滤波器，在应用于信号线路时，可让正常信号无失真地通过，即在通频带内，幅频特性为一常数，相频特性为线性。模拟滤波器应用于楼宇控制系统的信号输入和输出电路，能够衰减脉冲噪声、尖峰噪声、谐波及其他无用信号。对于共模干扰，滤波器在信号线和地线之间构成通路，将共模噪声电流引入大地；对于差模干扰，滤波器会在线间构成通路，使噪声电流在线间短路。数字滤波相对于模拟滤波精度高、稳定性好，并可以通过软件方式方便地进行参数调整。在高速数字传输系统中，例如千兆以太网中，近端干扰严重，且难以做到阻抗匹配，而采用数字滤波则可以有效地消除串扰与回波损耗。

5.2 系统设计

5.2.2 建筑设备管理系统内置交直流电源的现场控制箱中，直接数字控制器(DDC)、网络控制器(NCU)的I/O端口对地感应电压不宜超过50V。工程现场实测数据显示现场控制箱直接数字控制器(DDC)的I/O端口感应电压有时高达150V以上,严重干扰系统的正常运行,同时也对检修人员的安全构成威胁。

报警探测器安装正确与否将直接决定系统能否有效地发挥作用。不同性质的探测器有不同工作环境要求,设计与安装时都应给予充分的重视。

建筑物中的LPZ1及以上区域受雷击电磁脉冲等大气过电压的影响较小,电磁环境通常较好,有利于安全技术防范系统的稳定运行。

5.2.4 红外线同声传译系统的工作原理是利用红外线传输进行语言分配。国际电工委员会标准IEC 61603-1推荐了可用于音频信号传输的红外辐射调制频段BAND Ⅱ(45kHz~1MHz:适用于会议用音频传输系统及类似系统)和BAND Ⅳ(2MHz~6MHz:适用于宽带音频及相关信号传输系统)。其中BAND Ⅱ频段的红外线同声传译系统很容易受新兴的高频驱动光源(如节能灯)的干扰,因为高频驱动光源会产生被调制的红外信号,这些被调制的红外信号主要集中在1MHz范围以内,正好在BAND Ⅱ(45k~1MHz)副载波的频段,影响到红外通信系统的声音质量和通信距离。为保证正常的使用效果,使用BAND Ⅱ频段的红外线同声传译系统的会议场所一般建议不要使用高频驱动光源。

5.3 系统供电

5.3.1 传导干扰是指通过导电介质把一个电网络上的信号耦合(谐波干扰)到另一个电网络。电源传导干扰一般由电源电压畸变引起,当电源电压畸变程度干扰设备运行时,需对系统电源的电压畸变进行治理,使其满足设备的正常运行条件。

5.4 线路敷设

5.4.4 安全技术防范系统的传输线路可能涉及光纤、同轴电缆及双绞线。

  光纤作为传输线路时，由于本身不是导体，对雷电流没有感应，所以线芯不考虑做防雷措施，但加强芯应接地处理。

  同轴电缆作传输线路时，应该在传输线路两端安装同轴避雷器，并将传输线路穿钢管埋地敷设，在线路的两端对钢管分别接地，做等电位联结；双绞线作传输线路时，应该在传输线路两端安装数据信号避雷器，并将传输线路穿钢管埋地敷设，在线路的两端对钢管分别接地，做等电位联结。

  配电线路与智能化系统传输线路应分开敷设，当受建筑条件限制而必须平行贴近敷设时，应采取屏蔽措施。

5.4.7 晶闸管调光设备在运行中会产生传导干扰传导和辐射干扰。晶闸管调光设备功率越大，谐波骚扰也越严重。因此，由晶闸管调光装置配出的线路与声、像、通信等敏感线路保持一定间距非常必要，通常应保持1m以上距离。

5.4.8 气体放电灯采用电子镇流器时，会导致高频辐射干扰，因此智能化系统信号传输线路应与大功率气体放电灯之间保持一定隔离间距。

6 防静电工程设计

6.1 一般规定

6.1.6 静电序列是根据两种物质相互接触时产生静电的极性,将各种物质依次排成的序列。根据这个序列,前后两种物质接触时,前者带正电,后者带负电。可用各种物质的功函数不同或物质的极性基团不同来解释。带电极性等情况还与温度、杂质等因素有关。也就是说,不同物质的物体互相摩擦时,一定是一种物体带正电荷,另一种物体带负电荷。静电序列是指从正负电荷着眼,把物质按照由带正电到带负电的顺序整理成的推列次序。下面是一个摩擦带静电序列(从正到负):

(十)玻璃、有机玻璃、尼龙、羊毛、丝绸、赛璐珞、棉织品、纸、金属、黑橡胶、涤纶、维尼纶、聚苯乙烯、聚丙烯、聚乙烯、聚氯乙烯、聚四氟乙烯(一)

在以上序列中,玻璃最容易失去电子,聚四氟乙烯最容易得到电子。序列中任何一物质与它后面的物质摩擦,前者带正电,后者带负电。例如有机玻璃与丝绸摩擦,有机玻璃带正电,丝绸带负电;丝绸与涤纶摩擦,丝绸带正电,涤纶带负电。

对接触起电的物体,应该尽量选用在带点序列中位置相邻近的,可减少静电荷的产生;在静电序列中相隔较远的两种物体相接触产生的接触电位差也较大。

静电序列与下列物理和化学因素有关:
(1)不同异种物质的配伍;
(2)物质的化学结构;
(3)物质表面的性质,如被污染的程度、氧化的状况、吸附的能力;

(4)物质表面的物理状态,如温度的高低,发生应变的状态——扭转、弯曲;

(5)两物质的接触方式,如摩擦、撞击等。

7 电磁屏蔽工程设计

7.1 一般规定

7.1.1 对于频率在30MHz以上的高频电磁辐射,可以在建筑物外墙涂覆导电涂料,或采用防电磁辐射混凝土抹面,加装电磁屏蔽玻璃窗的方式进行屏蔽处理。在满足防护要求的前提下,可以不采用封闭的屏蔽结构,贯穿金属管线可按现行国家标准《电磁屏蔽室工程技术规范》GB/T 50719的相关规定确定是否采取屏蔽或滤波处理。

7.2 技术要求

7.2.2 屏蔽效能(SE)与屏蔽率(S)的换算公式为:

$$S = \left(1 - \frac{1}{10^{\frac{SE}{20}}}\right) \cdot 100\% \tag{23}$$

例如:当 $SE=20\text{dB}$ 时, $S=90.0\%$;
当 $SE=40\text{dB}$ 时, $S=99.0\%$;
当 $SE=60\text{dB}$ 时, $S=99.9\%$。

7.2.6 如果将电源线的屏蔽层用作载流导体,极易造成电击事故,严重威胁人身安全,同时也使线路失去屏蔽保护作用。应当注意的是,该条款只适用于电源线,对于同轴信号线,屏蔽层必须作为信号电流的回流路径。

7.2.7 当电源滤波器的漏电流大于30mA时,如果电源滤波器的外壳不接地,将引起人身触电事故。而且,控制与信号线上的滤波器如果不接地,将使滤波器性能下降。

7.2.9 如果在供电线路进入屏蔽室之前装设剩余电流保护开关,则电源滤波器接地线上的正常泄流将使剩余电流保护开关误动作,并导致屏蔽室内部断电。

7.2.16 若屏蔽布线系统中存在两个不同的接地网,且其接地电位差大于 1Vr·m·s 时,可采用光缆替代屏蔽布线,或将两个接地系统作等电位联结。

7.2.17 屏蔽体可选用镀锌钢板、钢板网、钢筋网、合金薄板、防电磁辐射混凝土等导电材料以及硅钢板、铁氧体、坡莫合金等导磁材料。屏蔽室的顶板、底板与侧墙宜采用相同的屏蔽材料,并构成完整的封闭体。

电磁屏蔽室依结构型式分为简易电磁屏蔽室、组装式电磁屏蔽室、焊接式电磁屏蔽室,可根据使用要求与屏蔽技术指标,选择适用的结构型式。具体的设计要求符合现行国家标准《电磁屏蔽室工程技术规范》GB/T 50719 的有关规定。

8 接地工程设计

8.1 一般规定

8.1.4 接地系统一般可分为保护性接地和功能性接地。保护性接地包括：防电击接地、防雷接地、防静电接地和防电蚀接地等；功能性接地包括：工作接地、逻辑接地和电磁屏蔽接地等。

8.1.8 接地干线的表面可以是裸露的，也可以是绝缘的，取决于设计和使用要求。接地干线的安装位置应当使其全程都便于接线施工，必要时可安装在槽盒的外表面上。

8.3 防静电及电磁屏蔽接地

8.3.1 接地系统是防静电环境中静电电荷的唯一泄放途径，是确保防静电环境电磁安全的首要条件。易燃易爆场所的防静电设计尚应满足其工艺及相关规范的特殊要求。

8.3.5 本条为强制性条文。电源滤波器金属外壳必须接地。一方面，是因为电源滤波器工作时其外壳可能出现的危险的高电位，若不接地将因电击造成人生伤亡事故；另一方面，电源滤波器金属外壳与屏蔽室的金属屏蔽层进行电气连接并接地后，才能将共模干扰等能量泄放入地，确保电磁屏蔽效果，避免造成泄密事故。

8.4 高频电子系统接地

8.4.1 高频电子系统与设备的工作频率通常为 3MHz～300MHz，一些设备的工作频率可能更高。

高频电子系统与设备接地装置可以采用联合接地极，也可以采用独立接地极（水平独立接地极或垂直独立接地极），这要根据高频设备具体情况由设计来确定。如对于抗干扰要求比较高的广播电视设备,为了避免视频、音频信号受到电磁干扰,其接地装置一般均采用独立网格状结构接地极的形式,而对于要求不太高的高频设备的接地装置可以采用联合接地极的形式。

8.4.4 常用的接地网络形式有下列几种,如图1～图4所示。

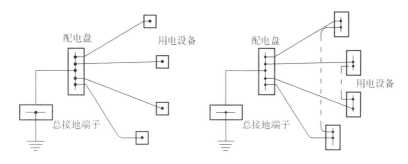

图 1　星形接地网络图　　　　图 2　带等电位联结的星形接地网络

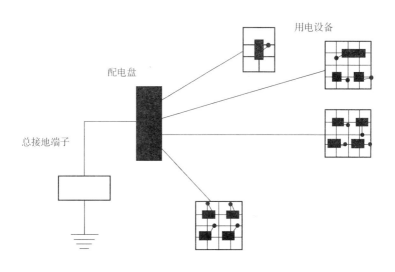

图 3　多个网状连接的接地网络

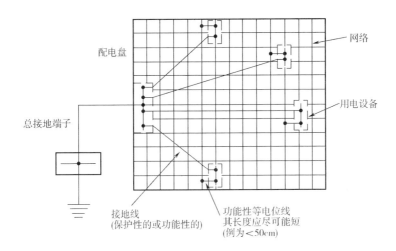

图 4 公共网状连接的接地网络

8.4.5 高频电子设备通常指工作频率超过 30MHz 的电子设备,包括大型数据中心的网络交换机、广播电视、高频电力电子设备等重要设备。

过长的连接导线将构成较大的环路面积,会增大对防雷空间内雷电电磁脉冲(LEMP)的耦合概率,从而增大雷电电磁脉冲的干扰度。

8.4.6 如果带交变电流的导体穿过闭合线圈(接地网络),会在闭合线圈中产生感应电流,从而对接地网络造成干扰。

9 工程施工

9.2 供配电系统

9.2.1 不间断电源(UPS)的主要部件包括输入与输出隔离变压器、整流器、蓄电池、逆变器、旁路开关等；应急电源(EPS)的主要部件包括整流充电器、蓄电池组、逆变器、互投装置等。

9.2.2 用于抑制谐波的电气设备通常是指滤波器、电抗器等。

9.2.4 此处的电力电子与电气设备是指工程中常见的变频装置、不间断电源、整流装置、含电子镇流器的照明灯具的等固定安装的设备。

9.2.6 检测公共连接点的电压谐波畸变率和含有率及各次谐波电流等数据，可以采用电力谐波分析仪进行检测记录；当建筑物的电力管理系统能显示相关数据时，也可以利用电力管理系统来检测、记录。

9.3 建筑智能化系统

9.3.1 本条规定目的是保护缆(线)和减少干扰。

9.3.5 本条规定目的是减少缆间串扰。线缆在电缆槽盒和托盘中的布放方式应按安装规范的要求实施。

9.4 防静电工程

9.4.1 本条第二款防静电活动地板的 ESD 接地干线采用铜排在地板架空层内闭合环形敷设，有利于地板接地点在 ESD 接地干线上均匀分布，使地板接地线可以以最短的距离连接到 ESD 接地干线上。

9.4.5 为了保证静电能迅速、安全、有效泄放到大地，接地装置的接地电阻值必须符合本规定的要求。

在防静电活动地板下敷设环形 ESD 接地铜排,当同时有大量的电子设备的电源线、接地线、信息线挤压在架空空间时,会对裸露的接地铜排产生场感应,所以安装时应尽量与这些线路保持距离,必要时可采取屏蔽措施。对于在较大开间的室内的防静电活地板动地板下敷设环形 ESD 接地铜排时,宜缩小环路的面积以抑制环路的电感效应,以利于整体环境的静电电位控制。

9.5 电磁屏蔽工程

9.5.2 屏蔽电源线的屏蔽层应两端接地;低频设备信号线和接地线的屏蔽层应单端接地;数字电路的信号线和接地线屏蔽层应在负载端接地;高频设备信号线和接地线的屏蔽层应两端接地。若存在两个接地体,其接地电位差不应大于 $1V r \cdot m \cdot s$(有效值)。

9.5.4 本条规定了电磁屏蔽室壳体的安装要求。屏蔽室壳体一般可分为可拆卸式屏蔽室壳体和焊接式屏蔽室壳体,焊接式屏蔽室壳体包括了自撑式和直贴式壳体形式。

电磁屏蔽室门安装质量会直接关系到电磁屏蔽室的屏蔽效果,电磁屏蔽室门安装的平整度达不到规定的要求会造成电磁波的泄漏,电磁屏蔽室屏蔽指标的下降。

对于主动场屏蔽和被动场屏蔽的屏蔽室,其滤波器一般均应安装在屏蔽壳体外侧的顶板或侧板上(主动场屏蔽是指场源位于屏蔽体之内,主要是防止场源对外界的影响,使其不对限定范围之外的生物机体或仪器设备发生影响;被动场屏蔽是指场源位于屏蔽体之外,主要是防止外界电磁场对屏蔽室内仪器设备发生影响,使其不对限定范围之内的空间的仪器设备构成干扰)。

9.6 高频电子系统接地

9.6.3 高频电子设备的工作及等电位接地网络联结端子与防雷引下线等接地设施的距离受设备敏感度与工作环境等诸多因素相

关。数值仿真与工程实践经验表明,高频电子设备的工作及等电位接地网络联结端子与防雷接地的引下线的距离达到2m及以上时,雷击不会对高频电子设备造成明显干扰。

9.6.4 专用接地主干线是指从高频接地装置的引出点(或专用接地箱)引至机房设备间的等电位联结箱的那段接地干线。

9.6.6 裸铜排等电位联结干线是指从等电位箱的端子板引出,引向高频设备接地位置的(包括M型等电位联结网的外圈)铜排。连接质量考核内容包括连接可靠性、接触电阻、是否存在虚焊现象、螺栓连接是否采取有防松、防腐蚀措施等。只有在无法焊接时,才允许采用金属卡箍连接。

9.6.7 对于高频信号系统而言,接地线长度增加一点,其阻抗就将增加很多,所以接地线长度应尽可能短。故当设备工作频率较高时,通常采用M型接地以缩短接地线长度,从而降低接地线的阻抗。另外,当接地线的长度为设备工作时1/4波长的奇数倍时,接地线的阻抗为无穷大,系统接地将失效,这将严重威胁高频电子设备的安全运行。故应同时采用两个长度相差一倍的接地线进行接地,以免出现接地线只有一根且其长度正好为1/4信号波长的奇数倍的不利情况。

10 工 程 检 测

10.2 电磁环境检测

10.2.1 国家环境保护总局令《环境监测管理办法》(〔2007〕第 39 号)明确规定了环境监测的相关要求。

10.3 电能质量检测

10.3.3 进行频率测试之前,应对信号中的谐波和间谐波进行衰减,最大限度减少由于多个过零点带来的影响。测量的时间间隔之间应没有重叠。对于和 10s 时间信号重叠的个别周期应予剔除。每个 10s 时间间隔应从 10s 计时处开始。

电压暂降的开始时间应为记录启动暂降事件通道的 Urms 的开始时间,电压暂降的终止时间应为记录暂降过程结束的 Urms 结束时间,Urms 由阈值和迟滞电压之和确定。对于单相系统,当电压 Urms 降低到暂降阈值以下时,记作电压暂降的开始;当电压 Urms 上升到大于或等于暂降阈值与迟滞电压之和时,记作电压暂降的结束。对于多相系统,当一个或多个通道的 Urms 电压降低到暂降阈值以下时,记作电压暂降的开始。当所有测量通道的 Urms 电压上升到大于或等于暂降阈值与迟滞电压之和时,记作电压暂降的结束。

在单相系统中,电压中断定义为当 Urms 电压下降到低于中断阈值时,记作电压中断的起始;当 Urms 电压上升大于或等于中断阈值与迟滞电压之和时,记作电压中断的结束。在多相系统中,当电压中断定义为所有通道的 Urms 电压都下降到中断阈值以下时,记作电压中断的起始;当任一通道的 Urms 电压上升到大于或等于中断阈值与迟滞电压之和时,记作电压中断的结束。电压中断的持续时间是指从电压中断起始到结束的时间段。

谐波发射测量设备应按相关国标的要求进行测试。

10.4 电磁屏蔽效能检测

10.4.5 电磁脉冲电场屏蔽效能可按图 5 所示方法进行测试。

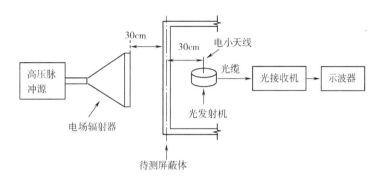

图 5 电磁脉冲电场屏蔽效能测试示意图

10.5 防静电检测

10.5.4 地面对地电阻值 R_G 的检测应将测量电极置于标识的测点位置上，将电阻测量仪器的高压端连接到测量电极，将仪器的输出端连接到每层面 ESD 总接地端，调整仪表输出 100V 电压，测量并记录加电 30s 后的对地电阻 R_G，然后计算算术平均值，应用下列公式表示：

$$\overline{R}_G = \frac{1}{N}(R_{G1} + R_{G2} + \cdots + R_{GN}) = \frac{1}{N}\sum_{i=1}^{N} R_{Gi} \quad (24)$$

式中：N、i——测点数量和序号。

同时记取对地电阻最大值 R_{Gmax}、最小值 R_{Gmin}。

测试顶棚、墙、柱面和门窗装饰工程的对地电阻时，应手持测量电极置于标识的检测点位置，同时应施加约 25N 的压力将电极紧压于顶棚、墙、柱面或门窗饰面。铝合金框架玻璃板隔墙检测的测点,应选取在铝合金框架饰面位置,不应选取在玻璃板板面上。测试防静电工作台时,每个工作台作为一个检测单元,均匀取 5 个测点测试,并记录仪器每次对地电阻读数。

摩擦起电电压值的检测应手持干燥纯棉布料,以频数 120 次/min,手掌适当施加压力,单向摩擦被测部位 20 次,或用电动摩擦机具模拟相同摩擦动作,之后立即应用非接触式静电电压表靠近被测部位,根据仪表要求的测量距离观察并记录仪表显示的静电电压数值 U_G,同时记取摩擦起电电压最大值 U_{Gmax}。测试防静电工作台时,每个工作台作为一个检测单元,在与测试对地电阻对应位置上用非接触式静电电压表进行测量,并记录每次仪器显示读数。

对地电阻值极差 ΔR_G 表示导静电性能的均匀性,是对地电阻最大值 R_{Gmax} 和最小值 R_{Gmin} 之差,用下列公式表示:

$$\Delta R_G = R_{Gmax} - R_{Gmin} \tag{25}$$

对地电阻标准差 S_{R_G} 表示对地电阻的离散性,也是导静电性能均匀性表示方式一种,用下列公式表示:

$$S_{R_G} = \sqrt{\frac{1}{N}\sum_{i=1}^{N}(R_{Gi} - \overline{R_G})^2} \tag{26}$$

式中:R_{Gi}——第 i 个测点对地电阻值(Ω);

$\overline{R_G}$——对地电阻算术平均值(Ω)。

地面的表面电阻值的检测应将一个测量电极置于标识的测点位置上,以测点位置为中心,以 900mm 为半径画圆,应将另一个测量电极置于与垂直直径相交的圆周上四点位置。将电阻测量仪器的高压端连接到置于中心位置的测量电极,将仪器的输出端连接到另一测量电极,在四个位置上分别测量并每次电阻值,计算 4 次读数的平均值作为该点的表面电阻 R_S。在所有点的表面电阻测试完毕后,计算其表面电阻 R_S 的算术平均值,用下列公式计算:

$$\bar{R}_\mathrm{S} = \frac{1}{N}(R_\mathrm{S1} + R_\mathrm{S2} + \cdots + R_\mathrm{SN}) = \frac{1}{N}\sum_{i=1}^{N}R_\mathrm{Si} \qquad (27)$$

测试顶棚、墙、柱面和门窗装饰工程的表面电阻时，应手持一组电极使两个测量电极固定保持300mm距离，并施加约49N的压力将其紧压置于标识的测点位置，用电阻测量仪器测量并记录电阻值读数。

测试防静电工作台时，每个工作台作为一个检测单元，应将一个测量电极置于台面标识的检测测点位置，将另一个测量电极置于距离前一个测量电极300mm的任意位置，进行表面电阻测试。两个电极位置变化4次测量4次，并记录每次仪器显示读数。

管道外壁导静电覆盖层漆膜表面电阻值，检测时应将一个测量电极置于标识的检测测点位置，将另一个测量电极置于距离测点300mm的位置，测量并记录仪器显示的电阻值读数。

测试ESD接大地连接系统的通路电阻时，应选择ESD接大地连接系统的任意一个接地接点，测量该接地接点与ESD接地总连接端或ESD接地区域总连接端之间的电阻值。应将测量仪器直流双臂电桥置于总接地端一侧，用两根连接导线将总接地端连接到电桥面板上的C1（电流）和P1（电位）接线柱，再用一根测量导线将被测接地接点引接到电桥附近，并将其连接到电桥面板的C2和P2接线柱。应在完成上述连接后，根据仪器规定的操作步骤进行测量，读取仪器测量读数盘示值，然后将仪器测量读数盘示值减去测量导线的电阻值，求得被测接地接点的通路电阻值。

测试单独配设ESD功能接地装置的接地电阻时，应采用数字式接地电阻测试仪检测。检测应在总接地端进行，检测时应将连接于总接地端的上部接地主干线断开，从接地装置引接到总接地端的接地连接导体在检测时应与金属接地连接箱箱体绝缘隔离。应根据电位降法接地电阻测量原理，按照测量仪表设定的间隔距离，将电位标棒和电流标棒插入土中，并分别用导线将接地装置的被测端和电位标棒、电流标棒接到仪表的电阻、电位和电流测量端钮,然后打开电源测量并记录仪表显示的接地电阻值读数。应变换电位标棒和电流标棒的位置,重复进行一次测量,应记取不少于两组接地电阻值读数,求取其平均值。检测中应使电阻测量端和电位标棒和电流标棒三点之间接近于共处同一直线。

10.5.5 防静电材料电阻率的测试通常使用高阻计。该仪器应能提供当低于 $1.0×10^5 Ω$ 的电阻测量时开路直流电压 $10±1V$;而当电阻达 $1.0×10^{11}Ω$ 时开路直流电压 $100±10V$。仪器示值范围至少为 $1.0×10^4Ω$～$1.0×10^{11}Ω$。连接仪器高压端和输出端的两根导线应对地绝缘。

用于电阻测量的圆柱形电极规格:质量为 $2.5kg±0.5kg$、直径为 $63.5mm±2.5mm$,数量为两个,每个电极的端面贴有肖氏硬度为 $50～70$ 的电气导体材料为触头。将两个电极的触头紧密接触在一起形成的圆柱体两端加上 $10V$ 电压时,其电阻值应小于 $1.0×10^5Ω$。

测量材料电阻率特性参数应使用绝缘电阻测试三电极箱,电极型式、尺寸和材料的选取应符合现行国家标准《固体绝缘材料体积电阻率和表面电阻率试验方法》GB/T 1410 相关规定。测量电阻值大于 $10^{12}Ω$ 时,测量误差应小于 $±20\%$,电阻值小于或等于 $10^{12}Ω$ 时,测量误差应小于 $±10\%$。测量材料电阻率特性参数应将被测试样置于高压电极板上,按仪器说明书将高阻计的高压端和测量端与电极箱上的高压端和测量端连通。应在接通电源后加上试验电压 1min,并按仪器说明书进行操作,转换电极箱的"RS"、"RV"转换开关,即可先后读取 RS 和 RV 的读数并记录。应按下列公式进行计算,得到表面电阻率 $ρ_S$ 和体积电阻率 $ρ_V$。测量材料电阻率特性参数的试样平面尺寸应为 $\phi 85mm$ 或 $85mm×85mm$。

$$ρ_S = R_S \frac{2π}{\ln \frac{d_2}{d_1}} \quad (28)$$

式中:d_1——测量电极直径,标准电极为5cm;
d_2——保护电极内径,标准电极为5.4cm;
ln——自然对数。

$\dfrac{2\pi}{\ln\dfrac{d_2}{d_1}}$——定值,标准值为81.6。

$$\rho_V = R_V \frac{\pi}{4} \frac{(d_1+g)^2}{t} \qquad (29)$$

式中:g——测量电极与保护电极之间的间隙,标准间隙为0.2cm;
t——被测材料试样的厚度(cm)。

附录 A 变压器 K 系数和降容系数 D 的计算方法

A.0.1 式(A.0.1-1)、(A.0.1-2)分别引自《非正弦负载电流供电变压器容量的确定的推荐做法》ANSI/IEEE C57.110—1986；经验公式 A.0.1-3、A.0.1-4 以及图 A.0.1-1、A.0.1-2 均引自上海建筑设计研究院有限公司的相关科研成果。

A.0.2 式(A.0.2)引自《非正弦负载电流供电变压器容量的确定的推荐做法》ANSI/IEEE C57.110—1986 C57.110—1986。

A.0.3 谐波源负载占变压器的负载比例与变压器降容系数 D 的关系曲线引自《电气装置应用(设计)指南》，Schneider Electric，中国电力出版社，2011。应当注意的是，该曲线降容率偏大，工程设计时仅作参考。